Impressum

© Ude Fass
Die Haltung der Steppenschildkröten *Agrionemys horsfieldii*
Faszinierende Tiere aus ariden Gebieten

1. Auflage 2013
Kleintierverlag Thorsten Geier
Biebertal 2013
ISBN 978-3-9811212-8-5

Foto auf der Umschlagseite: Valerie Arent

Fotos, wenn nicht anders angegeben: Ude Fass
Zeichnungen: Claudia Schürch-Bischoff

© 2013 Kleintierverlag Thorsten Geier
Fachverlag für naturnahe Tierhaltung
Postfach 11 11
35441 Biebertal
Telefon: +49 (0)6409 6619485
Telefax: +49 (0)6409 6619485
E-Mail: info@kleintierverlag.de
Internet: www.kleintierverlag.de

Fachlektorat: Hans - Dieter Philippen

Ude Fass

Die Haltung der Steppenschildkröten
Agrionemys horsfieldii

Faszinierende Tiere aus ariden Gebieten

THORSTEN GEIER
kleintierverlag.de
Fachverlag für naturnahe Tierhaltung

Inhaltsverzeichnis

Lerne, mit einem Tier so zu kommunizieren,
wie du es mit deinem Bruder tust.

Beobachte es, sieh zu, wie es lebt,
versuche, hinter seine Träume zu kommen.

Stimme dich ruhigen Geistes auf das Tier ein
und achte auf all seine Emotionen.

Dann wird seine Seele sanft auf dich zugleiten.

Es wird dir seine Liebe,
aber auch seine Kraft schenken.

Indianische Weisheit

Vorwort

Bereits sehr früh habe ich mein Faible für Schildkröten entdeckt. Mit 5 Jahren schenkten meine Eltern mir meine erste Landschildkröte. Es war eine Steppenschildkröte mit Namen Lieschen. Mit ihr wurde meine Vorliebe für diese Art geweckt.

Lieschen lebte bis zum Jahr 1995 in unserer Familie. Nach ihrem Tod begab ich mich auf die Suche nach einer Russischen Landschildkröte (zu dieser Zeit war „Steppenschildkröte" noch nicht geläufig) und wurde nach einiger Zeit fündig. Mit der Aufnahme von Max, einem strammen Russenmann, begann auch für mich eine neue Ära in der Schildkrötenhaltung. Ich verschlang alles, was es an Literatur auf dem Markt gab, und verbesserte nach und nach die Haltungsbedingungen meiner Schildkröte.

Immer mehr Schildkrötenarten hielten bei mir Einzug. Anfangs erwarb ich die Tiere noch selbst, später wurden sie mir in der Regel von überforderten Haltern zur Pflege überlassen.

Leider musste ich immer wieder feststellen, dass manche Tiere aufgrund unsachgemäßer Haltung und Pflege dem Tode näher waren als dem Leben. Daher habe ich es mir zur Aufgabe gemacht, mich ständig weiterzubilden und die Haltungsbedingungen meiner Schildkröten zu optimieren.

Da es wenige Veröffentlichungen zur Steppenschildkröte gibt, möchte ich mit diesem Buch diese interessante, bei guter Pflege sehr aktive, Schildkrötenart vorstellen und mein Wissen über diese Tiere weitergeben.

Ich wünsche Ihnen viel Freude bei der Lektüre und beim Umgang mit diesen besonderen Tieren.

Max, meine zweite Steppenschildkröte

Ihre Ude Fass

1. Beobachtungen im natürlichen Verbreitungsgebiet

Bei der Haltung der Steppenschildkröte ist es sehr wichtig, sich die Natur zum Vorbild zu nehmen. Ein Blick auf die Bilder aus den Habitaten (Lebensraum im natürlichen Verbreitungsgebiet) der Steppenschildkröten dürfte schon viele Fragen zur Haltung klären.

Kasachstan, Provinz Almaty, Foto: Valerie Arent

Betpak-Dala, Hungersteppe in Kasachstan, Foto: Prof. Dr. Dieter Seitzer

Leider konnte ich Steppenschildkröten nie in ihrem natürlichen Lebensraum in Asien beobachten. So war ich auf Literatur über ihre Lebensbedingungen und Lebensweise angewiesen. Aus feldherpetologischen Studien namhafter Wissenschaftler, z. B. Ataev (1985), Kuzmin (2002), Obst (1985, 1988, 2004), lassen sich wichtige Hinweise für eine artgerechte Haltung in unseren Breiten ableiten. Außerdem halfen mir meine eigenen Beobachtungen sehr, diese Schildkrötenart besser zu verstehen und ihr in menschlicher Obhut ein artgerechteres Leben zu ermöglichen.

Im Laufe der Evolution haben sich Steppenschildkröten sehr gut an das extreme Klima ihres Herkunftslandes und die damit verbundenen harten Lebensbedingen angepasst. Die Sommer sind heiß, die Winter sehr kalt und lang, Niederschläge selten und meist nur im zeitigen Frühjahr. Die Aktivitätsphase der Tiere ist sehr kurz (KAMI 1999, KUZMIN 2002, LAGARDE et al. 2002).

Steppenschildkröte in ihrem Habitat, Tschimkent, Foto: Valerie Arent

Steppenschildkröte in Kasachstan, Foto: Klaus Rudloff

Die Steppenschildkröte lebt überwiegend in steppenartigen Gebieten.
Diese sind eher unwirtlich und bestehen meist aus Sandwüsten, sandigen und lehmigen Steppen und Steinhängen mit spärlichem Pflanzenbewuchs. In Kasachstan bewohnt diese Schildkröte Lehm- und Sandwüsten, die nur dünn mit Gräsern und Sträuchern bewachsen sind (PARASKIV 1956, KUZMIN 2002). In Tadschikistan kommt die Steppenschildkröte an Hügeln und Ufern von Bewässerungskanälen

vor, in Gärten in der Nähe von ungenutztem Land, in offenen Lehm-Sand-Gebieten, in Auenwäldern, an Hängen der Vorgebirge und sogar inmitten von Felsschluchten (Said-Aliev 1979). In Usbekistan leben die Tiere in Wüsten, Steppen, auf landwirtschaftlich kultiviertem Land und auf Hügeln. Sie können sogar, Hunderte von Kilometern von Wasser entfernt, in der Wüste angetroffen werden. Im Kopet-Dag-Gebirge in Turkmenistan favorisiert die Steppenschildkröte flache Hügel, Berghänge und auch Schluchten. Bevorzugt werden Habitate mit festen Sandböden und kurzlebigen grasartigen Pflanzen (Kuzmin 2002). Leider schwinden in fast allen Regionen die Schildkrötenpopulationen. Hauptverursacher ist der Mensch. Bedingt durch das Kultivieren unberührter Natur und intensiv betriebene Landwirtschaft werden immer mehr Schildkrötenhabitate stark beeinträchtigt oder verschwinden sogar vollständig. Allerdings ist für den Rückgang von Schildkrötenpopulationen auch das intensive illegale oder legale Absammeln der Schildkröten für den Handel verantwortlich (Bondarenko et al. 2005).

Kysylkum, Wüste in Usbekistan, Foto: Robert Huber

In Gebieten mit einer großen Schildkrötendichte liegen an den bevorzugten Hängen die Wohnhöhlen der Steppenschildkröten oft dicht nebeneinander (Obst 1988). Das Anlegen von Wohnhöhlen ist charakteristisch für die Steppenschildkröte. Die Höhlen liegen oft im Wur-

zelbereich eines Strauches, unter Grasbüscheln oder unter Steinen.
Die Steppenschildkröten nutzen aber auch Höhlen, die von anderen Tieren (Kleinsäugern) gegraben wurden.
Die Gänge der Höhlen sind sehr lang (zwischen 80 cm und 2 m). Die Endkammer der Höhle liegt meistens 30–50 cm unter der Erdoberfläche. Paraskiv (1956) hat festgestellt, dass Höhlen mit einer Tiefe von mehr als 50 cm auch für die Ästivation (Sommerruhe) und Hibernation (Winterstarre) genutzt werden. Im Winter wurden in den Höhlen von Steppenschildkröten Lufttemperaturen zwischen 5 und 10 °C gemessen. Die Körpertemperatur der Tiere zeigte dazu parallele Werte. In Turkmenistan beispielsweise wurden zwischen Dezember und Februar in Höhlen, welche eine Tiefe von 20 bis 50 cm aufweisen, Temperaturen von 6 bis 10 °C gemessen (Ataev 1977, Shammakov 1981). Die Temperatur der Schildkrötenkörper liegt laut Ataev (1985) bei 5,6–10,8 °C. Temperaturangaben in den Höhlen im Sommer liegen nicht vor.
Die Steppenschildkröten graben andauernd an ihren Höhlen, wie Beobachtungen aus verschiedenen Habitaten zeigen (Bogdanov 1960, Said Aliev 1979). Diese Höhlen werden auch von anderen Tieren genutzt, z. B. Echsen und Schlangen. Es wurde auch schon dokumentiert, dass mehrere Steppenschildkröten zusammen in einer Höhle ruhen bzw. starren (Bonnet et al. 2001).
Steppenschildkröten haben einen guten Orientierungssinn. So sind sie, trotz weiter Wanderungen, imstande, täglich zu „ihrer" Höhle zurückzukehren (Panov & Galichenko 1980, Paraskiv 1956, Ananjeva et al. 1998). Allerdings verlassen Steppenschildkröten ihre angestammten Höhlen, auch zur Nachtzeit, wenn sie sich durch irgendetwas gestört fühlen, und begeben sich auf die Suche nach einem neuen Unterschlupf (Paraskiv 1956).
Die jährliche Aktivitätsphase der Tiere ist recht kurz, z. B. sind Steppenschildkröten im südlichen Usbekistan weniger als 3 Monate aktiv

Provinz Buchara in Usbekistan, Foto: Robert Huber

(Lagarde et al. 2002).
Die Steppenschildkröten erwachen je nach geografischer Lage im Februar, März oder Anfang April aus der Winterstarre (Paraskiv 1956, Chernov 1959). Je nördlicher die Gebiete liegen, umso länger dauert die Hibernation.
Die kurze Aktivitätszeit, bis die Hitze das Leben an der Oberfläche unerträglich macht, nutzen Steppenschildkröten sehr intensiv zum Fressen, aber auch zur Paarung und Eiablage (Kuzmin 2002).

In den meisten Gebieten beginnt die Sommerruhe Ende Mai oder Juni und geht oft direkt in die Winterstarre über. Nur selten konnten Steppenschildkröten im Herbst beobachtet werden. Allerdings sind z. B. im Kopet-Dag-Gebirge oder in bewässerten Gebieten viele Steppenschildkröten auch noch im Juni und Juli aktiv, während sich die Steppenschildkröten, die in wüstenähnlichen Gebieten leben, schon längst in die Sommerruhe begeben haben, weil die Vegetation durch Hitze verdorrt ist und die Tiere nichts mehr zu fressen finden (Shammakov 1981).
Direkt nach der Hibernation ist die Steppenschildkröte zur wärmsten Zeit des Tages aktiv (20–22 °C). Kuzmin (2002) verweist darauf, dass Steppenschildkröten morgens zwischen 9 und 10 Uhr am aktivsten sind sowie gegen Abend zwischen 17 und 18 Uhr. Werden die Temperaturen heißer, werden Steppenschildkröten auch früher, ab 7 Uhr,

aktiv (Said Aliev 1979) und verbringen die heiße Zeit des Tages in der Höhle oder im Schatten.

Steppenschildkröte in ihrem Habitat in Kasachstan, Foto: © Maxim Pertrichuk - Fotolia.com

Über die natürliche Fortpflanzung in der Natur sind nur sehr wenige Angaben zu finden. Kami (1999) berichtet, dass die Paarungen kurz nach der Winterstarre stattfinden und die Tiere nach 90 bis 105 Tagen schlüpfen. Yakovlev (1961) führt aus, dass in Kirgistan die Paarungen Mitte April bis Anfang Mai und die Eiablage meist Ende Mai bzw. Anfang Juni stattfinden. Die Fortpflanzungssaison in Zentralkasachstan dauert von März bis Mai, in Tadschikistan von Ende März bis Anfang April. In Usbekistan wurden einzelne Paarungen im April beobachtet, die Eiablage von Mai bis Juli (Bogdanov 1960).

Steppenschildkröte in ihrem natürlichen Lebensraum in Kasachstan, Foto: Klaus Rudloff

Die Steppenschildkröte zeigt große Ortstreue, allerdings variiert ihr Aktionsradius beträchtlich. Männliche Tiere legen längere Distanzen zurück als weibliche, bei männlichen Tieren im Durchschnitt 170 m am Tag, in Ausnahmefällen wurden aber auch Wege von 2 km Länge verzeichnet (Ananjeva et al. 1998). Der Hauptgrund für die weiten Wanderungen der Männchen dürfte die Suche nach paarungsbereiten Weibchen sein (Panov & Galichenko 1980). Hier kann es durchaus auch schon einmal zu einem Aufeinandertreffen von mehreren Männchen

kommen, welche mit einem paarungsbereiten Weibchen kopulieren möchten. Dies führt in der Regel zu aggressiven Reaktionen, d. h., die Männchen kämpfen um das Weibchen.
Erst nach der Fortpflanzungssaison kehrt eine gewisse Ruhe ein, die Tiere verbringen die Zeit mit Fressen oder Ruhen (Kuzmin 2002).

Die Eiablage findet, wie beschrieben, je nach Gebiet ab Mai oder Juni statt (Kuzmin 2002). Die Weibchen graben eine 8–10 cm tiefe Grube bei einem Durchmesser von 13 bis 15 cm, wobei trockener und fester Sand als Untergrund bevorzugt wird. Nachdem das Weibchen die Eier sicher in die Grube gelegt hat, wird das Loch wieder sorgfältig verschlossen. Bogdanov (1960) berichtet hier interessanterweise, dass Weibchen beobachtet wurden, die, anstatt eigene Gruben nahe der Oberfläche anzulegen, Höhlen von Nagetieren für ihre Eiablage benutzt haben.
Gewöhnlich finden die Eiablagen nicht in der prallen Sonne, sondern an schattigeren Plätzen statt. Dies wohl deshalb, da die Eientwicklung bei direkter Sonnenbestrahlung nicht stattfindet und die Eier absterben.
Auch in der Natur kann es vorkommen, dass ein weibliches Tier an einer Legenot verstirbt. Bogdanov (1960, 1965) berichtet von 22 toten Steppenschildkrötenweibchen, die in der Natur gefunden wurden und an Legenot verstarben.

Die Anzahl der Gelege eines Weibchens variiert von 1 bis zu 3 pro Saison mit je 3 bis 4 Eiern (Kuzmin 2002).

Die Jungtiere schlüpfen, wiederum je nach Herkunftsgebiet, zwischen Anfang August und Mitte Oktober. Allerdings führt Kuzmin (2002) an, dass Jungtiere erst im Folgejahr, ab April, an der Oberfläche erscheinen, also 7– 8 Monate nach dem Schlupf. Sie zehren in dieser Zeit von ihren Eidottersackreserven und durchlaufen bereits ihre erste Winterstarre. Nur im Kopet-Dag-Gebirge kommen Jungtiere manchmal im Herbst aus ihrer Eigrube (Ataev 1985). Ob über das Wachstum der Jungtiere im natürlichen Verbreitungsgebiet Aufzeichnungen existieren, ist mir nicht bekannt.

Ustyurt-Plateau in Kasachstan, Foto: © Dracozlat - Fotolia.com

Landschaft in Kirgisistan, Foto: Martin Brunner

Usbekistan, Provinz Samarkand (Tahtakaraca-Pass), Foto: Max Berger

Afghanistan, Provinz Kundus, Foto: Michael Bertram

Tadschikistan, Khaburabot-Pass, Foto: Martin Brunner

Afghanistan, Provinz Kundus, Foto: Michael Bertram

Steppenschildkröten in ihrem natürlichen Lebensraum in Kasachstan, Fotos: Klaus Rudloff

Bei der Haltung von Steppenschildkröten sind die klimatischen Bedingungen wichtige Faktoren. Für das Wohlbefinden und eine erfolgreiche Fortpflanzung ist die Simulation der natürlichen Temperaturen zwingend notwendig.

Folgende Klimadaten der Verbreitungsgebiete haben mir sehr geholfen, den Steppenschildkröten eine annähernd naturnahe Haltung zu ermöglichen.

Kasachstan

Kasachstan, Provinz Almaty, Foto: Valerie Arent

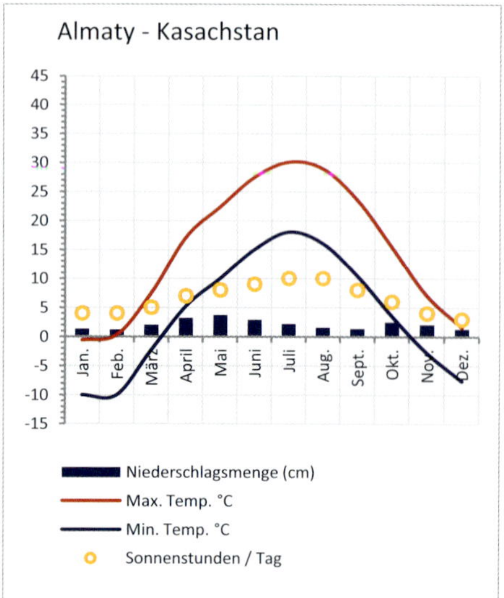

Weite Teile des Landes bestehen aus Grassteppen, Wüsten, Halbwüsten und Gebirgsmassiven. Das Klima ist mit heißen Sommern und kalten Wintern kontinental geprägt.

In der Wüste erreicht die Temperatur im Juli um die 32 °C und fällt nachts auf ca. 15 °C. Durch die niedrige Luftfeuchtigkeit wirken die Temperaturen recht angenehm. Im Winter erreichen die Temperaturen tagsüber etwa -9 °C und fallen nachts auf -15 °C.

Kirgisistan

Kirgisistan wird auch die Schweiz Zentralasiens genannt. Die Landschaft ist von Gebirgsketten und Hochtälern durchzogen.

Kirgisistan, Sary Tash, Foto: Martin Brunner

Das Klima ist ebenfalls kontinental geprägt. Die Sommer sind trocken und heiß, die Winter kalt. Im Laufe eines Tages kann es zu enormen Temperaturschwankungen kommen. Im Sommer können Temperaturen bis zu 45 °C erreicht werden. Der Mittelwert im Sommer liegt tagsüber bei 30 °C, während die Temperaturen nachts im Mittel auf 15 °C fallen. Im Winter liegen die Temperaturen im Durchschnitt um 0 °C, können aber auf bis zu -24 °C fallen. Im Frühjahr steigen die Temperaturen rasch an.

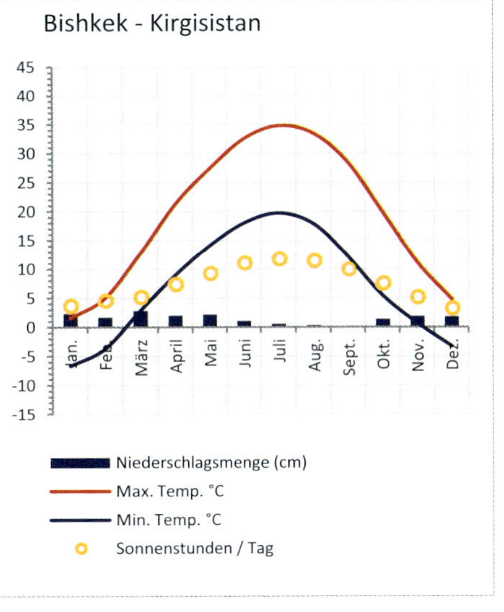

Usbekistan

Usbekistan, Provinz Chiva (Amudarya Fluss), Foto: Robert Huber

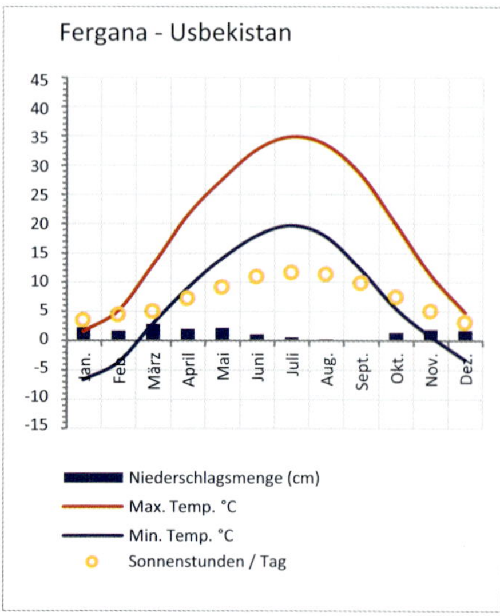

Die Landschaft ist durch Steppen, Wüsten und das fruchtbare Ferganatal beeinflusst.

Es herrscht kontinentales Wüstenklima. Die Sommer sind heiß und wolkenlos, die Winter kalt und unbeständig.

Turkmenistan

Landschaft in Turkmenistan, Foto: © Berimitsu - Fotolia.com

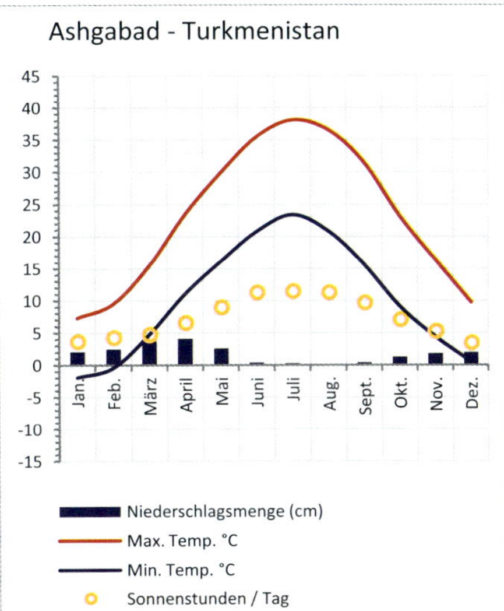

Weite Teile des Landes (etwa 95 %) bestehen aus Sand- und Geröllwüsten. Turkmenistan ist das mit Abstand heißeste Land in Zentralasien, mit wüstenhaftem Klima und niedriger Luftfeuchtigkeit.

Das Kontinentalklima zeigt große Temperaturunterschiede im Tages- und Jahresverlauf. Die Höchsttemperaturen im Januar liegen bei nur 3 °C und fallen nachts auf etwa -4 °C.

Iran

Landschaft im Iran, Foto: © Hans-Martin Aurich - Fotolia.com

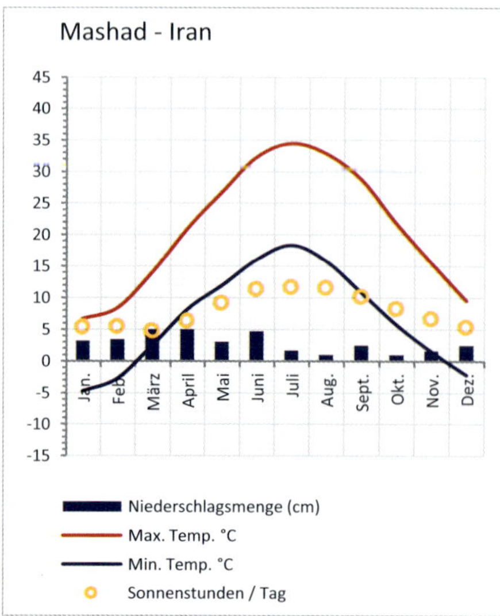

Der Iran ist ein Gebirgsland mit fruchtbaren Tälern und Hochebenen, Wüsten und Salzpfannen. Das Klima ist sehr unterschiedlich. Der Frühling beginnt im März zunächst kalt und windig, später wird es warm und oft sonnig. Der Sommer ist warm, zum Teil auch heiß, mit viel Sonnenschein und Temperaturen zwischen 35 °C und 45 °C, unterbrochen von Regenfällen. Der Winter kann bitterkalt werden, oft mit Nachttemperaturen von -15 °C bis -20 °C.

Afghanistan

Provinz Kunduz in Afghanistan, Foto: Michael Bertram

Das Land wird von ausgedehnten Bergketten, trockenen Binnenbecken und Hochplateaus geprägt.

Das Klima ist durch heiße Sommer und sehr kalte Winter gekennzeichnet. Die Temperaturunterschiede in Afghanistan gehören zu den weltweit größten: Es können Temperaturen von -50 °C bis zu +53 °C erreicht werden.

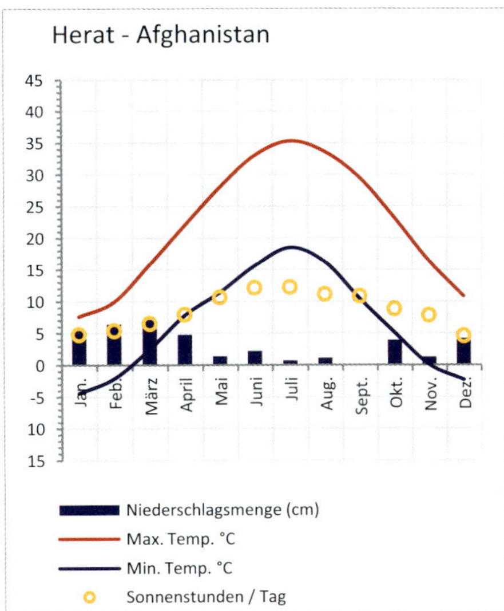

Pakistan

Pakistan, Khyberpass im Hindukusch, Foto: © Arnim Schulz - Fotolia.com

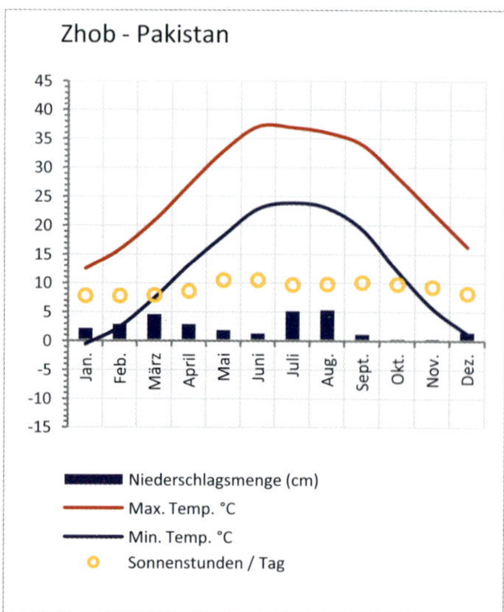

Pakistan ist das Land der Hochgebirge, Steppen, Wüsten und des fruchtbaren Tieflands.

In Pakistan herrscht ein trocken wüstenhaftes (arides) subtropisches Kontinentalklima, regional bestehen jedoch erhebliche Unterschiede. Pakistan bricht jedoch alle Klimarekorde: Die Winter im Norden zählen zu den kältesten, die Sommer im Süden zu den heißesten der Erde.

Belutschistan

Belutschistan, Foto: © Patrick Poenel - Fotolia.com

Salzwüsten, Salzton-, Hoch- und fruchtbare Ebenen bestimmen das Aussehen der Landschaft.

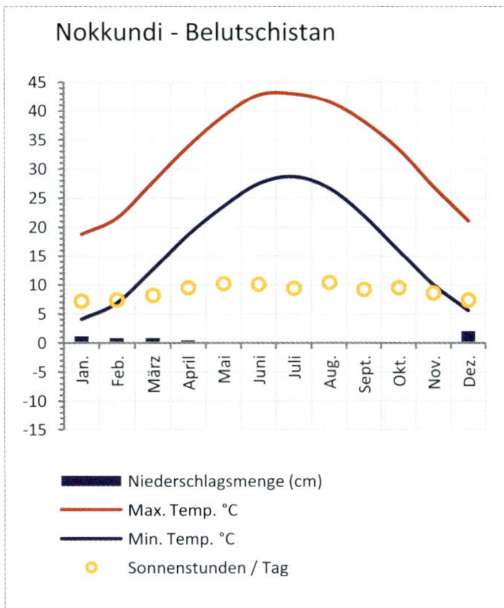

Belutschistan ist durch extreme Trockenheit gekennzeichnet. Die Winternächte können frostig sein. Die Tagestemperaturen im Januar betragen durchschnittlich nur etwa 10 °C, dagegen erreichen die Tagestemperaturen im Sommer mit 50 °C extrem hohe Werte.

China

China, Foto: © axz65 - Fotolia.com

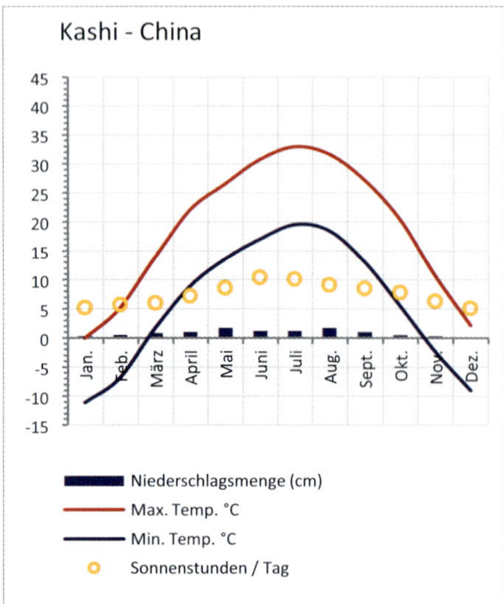

Westchina hat Hochgebirgscharakter mit dazwischenliegenden Hochebenen und ein Kontinentalklima mit sehr kalten Wintern und heißen Sommern.

Der Westen ist auch der trockenste Landesteil, für dessen ausgeprägtes Wüstenklima die Gobi und die Taklamakan stehen.

Das Klima in China ist sehr vielfältig von bitterkalt bis unerträglich heiß, die Ausnahmen sind an den küstennahen Regionen zu finden.

Mongolei

Landschaft in der Mongolei, Foto: © Ariane Citron - Fotolia.com

Die Mongolei besteht aus Hochgebirgen und Hochebenen, Wald-, Berg-, Wiesen- und Sandsteppen.

Das Klima ist eines der extremsten unter den kontinentalen und ariden Klimata der Welt. Die Temperaturen schwanken im Laufe des Jahres sehr stark. Auch die Temperaturdifferenz zwischen Tag und Nacht ist mit bis zu 32 °C ungewöhnlich hoch.

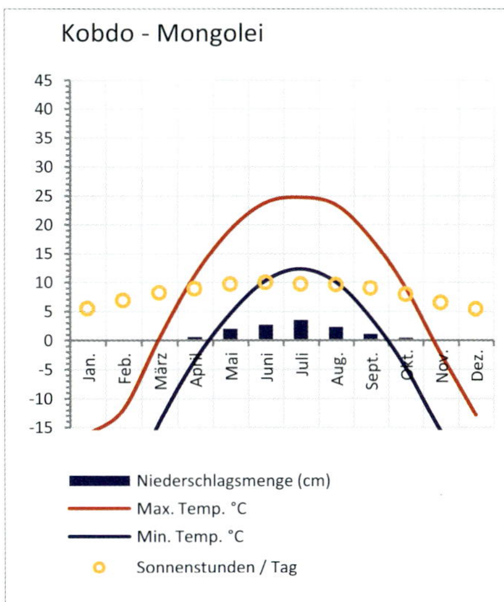

Klimavergleich Kasachstan - Deutschland

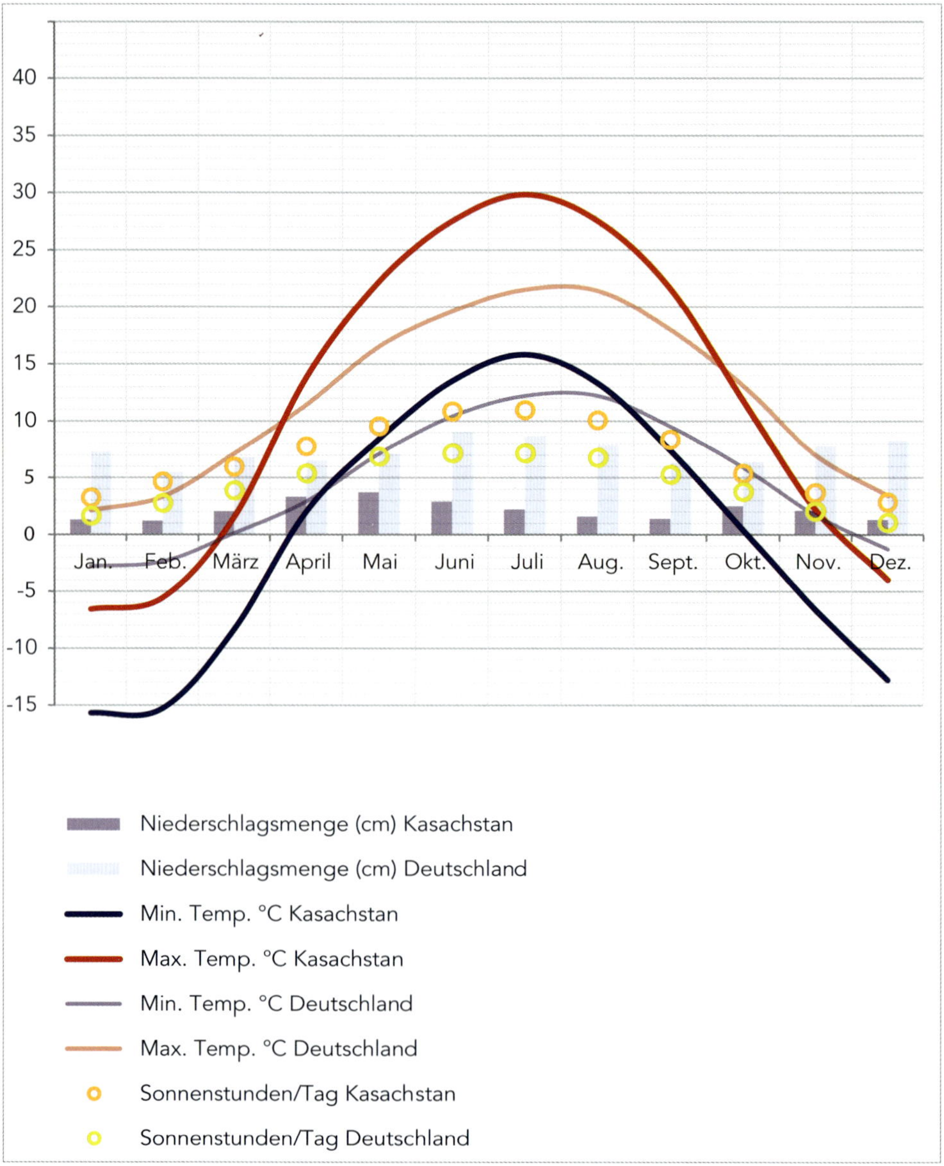

1844 erfolgte durch JOHN EDWARD GRAY die Erstbeschreibung der Vierzehenlandschildkröte; das Exemplar stammte aus Kabul, Afghanistan. Der englische Naturforscher EDWARD BLYTH beschrieb die Art nochmals, es handelte sich ebenfalls um ein Tier aus Afghanistan, als *Homopus burnesii* benannt.
1906 folgte eine erneute Beschreibung von ANNANDALE, der Tiere aus der pakistanischen Provinz Belutschistan als *Testudo baluchiorum* bezeichnete.
1988 beschrieb CHKHIKVADZE *Testudo horsfieldii kazachstanica* anhand eines Tieres aus dem südlichen Pribalhashic (ein Dorf in Karatal). Das Verbreitungsgebiet dieser Art ist Kasachstan und Turkmenistan.
1990 erfolgte eine neue Beschreibung von CHKHIKVADZE, AMIRANASHVILI und ATAEV einer weiteren Unterart: *Testudo horsfieldii rustamovi*. Hier wurde das Dorf Madau in der Kyzyl-Atrek-Region im südwestlichen Turkmenistan als Terra typica benannt.

Aus dem *horsfieldii*-Komplex wurden weitere Formen beschrieben:

- *Agrionemys bogdanovi:* CHKHIKVADZE 2008. [*Agrionemys bogdanovi*]. In: CHKHIKVADZE, V. M., BRUSHKO, Z. K. & KUBYKIN, R. A. A brief overview of the systematics of the Central Asian tortoise (*Testudinidae: Agrionemys*) and mobile shell zone in this group of turtles. Selevinia (Almaty) 2008: 100–104. [Text in russischer Sprache]

- *Agrionemys kazachstanica kuznetzovi:* CHKHIKVADZE V. M. (2009). Central Asiatic tortoises in Mongolia. Problems in Desert Development (Ashgabat) 2009 (3/4): 60–63. [Text in russischer Sprache]

- *Agrionemys kazachstanica terbishi:* CHKHIKVADZE, ATAEV, SHAMMAKOV & ZATOKA 2009. [Agrionemys kazachstanica kuznetzovi]. In: CHKHIKVADZE, V. M., ATAEV, C. A. & SHAMMAKOV, S. New taxons of Central Asian tortoises (*Testudinidae: Agrionemys bogdanovi* and *A. kazachstanica kuznetzovi*). Problems in Desert Development (Ashgabat) 2009 (1/2): 49–54. [Text in russischer Sprache]

In der Literatur werden die Arten *horsfieldii* und *hermanni* überwiegend in die Gattung *Testudo* gestellt. Khozatsky und Mlynarskiy (1966) sowie Gmira (1993, 1995) befürworten die Einordnung von *horsfieldii* in *Agrionemys*, genauso wie De Lapparent, de Broin (2000a, b) und Parham et al. (2006b), diese möchten aber eine eigenständige Gattung für *hermanni*. Fritz & Bininda-Emonds (2007), Bour & Ohler (2008), Fritz & Kraus (2008) stellten fest, dass für diese Art bereits der ältere Gattungsname *Chersine* (Merrem 1820) zur Verfügung steht. In ihrer genetischen Studie (Fritz & Bininda-Emonds 2007) bestätigen sie, dass eine schwache Verwandtschaft der Arten *horsfieldii* und *hermanni* und den drei Kernarten der Gattung *Testudo* (*graeca, kleinmanni* und *marginata*) besteht. Aufgrund der wenigen Unterschiede zwischen den Gruppen stellen Fritz & Bininda-Emonds (2007) wie Le et al. (2006) alle genannten Arten in die Gruppe *Testudo*. Sie erkennen *Agrionemys* den Rang einer Untergattung zu. Nach Fritz & Kraus (2008) sollte der Gattungsname *Chersine* lauten, wenn eine gemeinsame Gattung für die Arten *horsfieldii* und *hermanni* festgelegt werden sollte. Die Taxonomie der paläarktischen Landschildkröten wird sich die nächsten Jahre noch verändern. Die Turtle Taxonomy Working Group (2012) lässt für die Arten *horsfieldii* und *hermanni* die Zuordnung zu *Testudo* oder *Agrionemys (horsfieldii)* oder *Chersine* offen.

Bis zum Vorliegen einer gründlichen Revision entscheide ich mich, die Steppenschildkröte der Gattung *Agrionemys* zu zurechnen.

Die als Unterart geführten *Agrionemys horsfieldii kazachstanica* und *rustamovi* erhoben Perälä (2000a) und De Lapparent, de Broin et al. (2006) in den Artrang. Vasilyev et al. (2008) konnten bei *horsfieldii* nur minimale Unterschiede in der mitochondrialen DNS (Desoxyribonukleinsäure; enthält die genetische Information) feststellen und

empfehlen die beiden Formen als Unterarten einer Art (hier: *Agrionemys horsfieldii*) aufzufassen. Gleichzeitig erwähnen die Autoren (Vasilyev et al. 2008) an anderer Stelle ihrer Publikationen als 3. Unterart *rustamovi*, ohne sich näher dazu zu äußern. Die Arbeiten von Hitschfeld et al. (2008) zeigen auf, dass für den Artstatus von *kazachstanica* und *rustamovi* die Unterschiede der Handwurzelknochen verantwortlich sind, die ontogenetisch bedingt sind. Chkhikvadze et al. (2008), Chkhikvadze (2009), Chkhikvadze, Ataev, Shamakoki & Zatoka in: Chkhikvadze et al. (2009) beschreiben neue Formen aus dem *horsfieldii*-Komplex als *Agrionemys bogdanovi, Agrionemys kazachstanica kuznetzovi, Agrionemys kazachstanica terbishi* und geben weiterhin *rustamovi* und *baluchiorum* als eigenständige Art an. Die genetischen Studien von Fritz et al. (2009) zeigen 3 genetische Hauptgruppen innerhalb von *horsfieldii* auf, die jedoch nur unzureichend zu den geografischen Verbreitungsgebieten der beschriebenen Formen passen.
Sie konnten anhand der mitochondrialen DNS *horsfieldii* und *rustamovi* nicht voneinander unterscheiden, erkennen aber *kazachstanica* an sowie eine eigenständige Art aus dem Ferganatal, die die von Chkhikvadze et al. (2008) beschriebene Art *Agrionemys bogdanovi* sein dürfte.

Lebensraum der Steppenschildkröte in Kasachstan, Foto: Klaus Rudloff

Steppenschildkröte in Kasachstan, Foto: © Maxim Petrichuk - Fotolia.com

3. Unterarten der Steppenschildkröten

Für die Steppenschildkröte gibt es zahlreiche Trivialnamen, so z. B. Russische Landschildkröte, Afghanische Landschildkröte, Zentralasiatische Landschildkröte, Horsfieldsche Landschildkröte oder Vierzehen-Landschildkröte.

Die Steppenschildkröten bewohnen ein sehr großes Verbreitungsgebiet. Sie besiedeln die Gebiete östlich des Kaspischen Meeres, über Kasachstan, Turkmenistan, Tadschikistan, Kirgisistan, westliches China und eventuell ein Vorkommen in der Mongolei, Ostiran, Afghanistan, Pakistan und West-Belutschistan.

Die in diesem Buch beschriebenen Arealgrenzen und Unterarten entsprechen dem aktuellen Kenntnisstand. Daran wird sich in den nächsten Jahren aufgrund weiterer Untersuchungen bestimmt vieles ändern, in Bezug der Unterarten und ihre Verbreitung.
Die Turtle Taxonomy Working Group (2012) stellt alle dort genannten Formen als Unterarten von *Testudo/Agrionemys horsfieldii* dar, einzige Ausnahme: die Unterart *baluchiorum*, die als Synonymie der Nominatform gestellt wird.

Verbreitungsgebiete, Zeichnung: Claudia Schürch-Bischoff

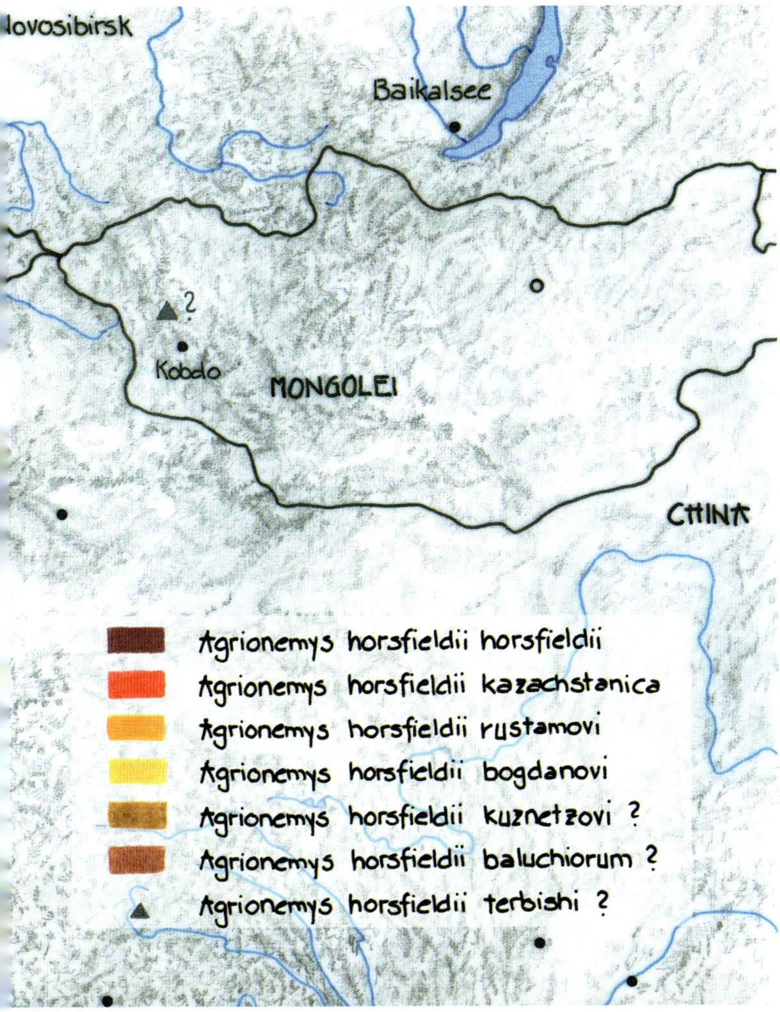

Agrionemys
KHOZATSKY & MLYNARSKIY 1966

Agrionemys horsfieldii
GRAY 1844

Syn.: ***Testudo horsfieldii***
GRAY 1844

Syn.: ***Testudo baluchiorum***
ANNANDALE 1906

Agrionemys horsfieldii horsfieldii
GRAY 1844

Testudo horsfieldii horsfieldii
GRAY 1844

Afghanische Steppenschildkröte

Syn.: ***Testudo baluchiorum***
ANNANDALE 1906

Agrionemys horsfieldii baluchiorum

Belutsch-Schildkröte

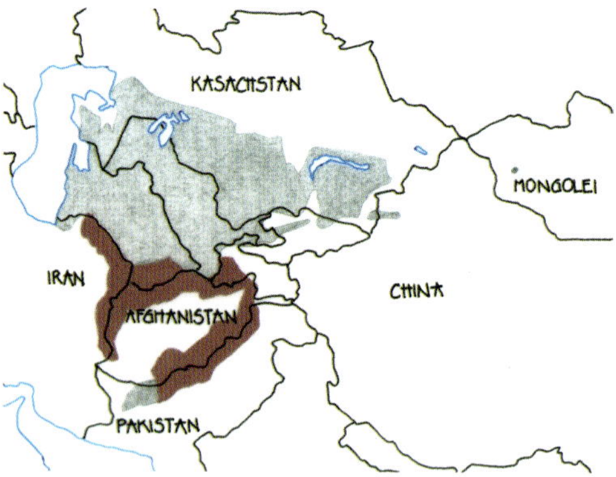

Holotypus: Nr. 1947.3.4.3 im Natural Museum in London, England

Verbreitung: Iran, Turkmenistan, Afghanistan, Pakistan, Tadschikistan, Usbekistan

Terra typica: Afghanistan (Umgebung Kabul)

Beschreibung:

Carapax (Rückenpanzer) länglich-oval, oberer Teil des Carapax nicht abgeflacht, hinterer Teil flacher abfallend, schräg auslaufender vorderer Plastronlappen wenig aufgebogen, Kiel an den Marginalia (Randschilde) der Brücke schräg, nicht parallel zum Plastron (Bauchpanzer) laufend, Panzeröffnungen mehr nach unten gerichtet, dunkles Plastron, Zeichnungselemente klein auf dem Carapax, Grundfärbung des Carapax im Westen des Verbreitungsgebietes olivgelb, olivbraun oder gelbbraun, im Osten intensiv orangebraun, Größe: 18–23 cm

3. Unterarten der Steppenschildkröten

Zeichnungen: Claudia Schürch-Bischoff

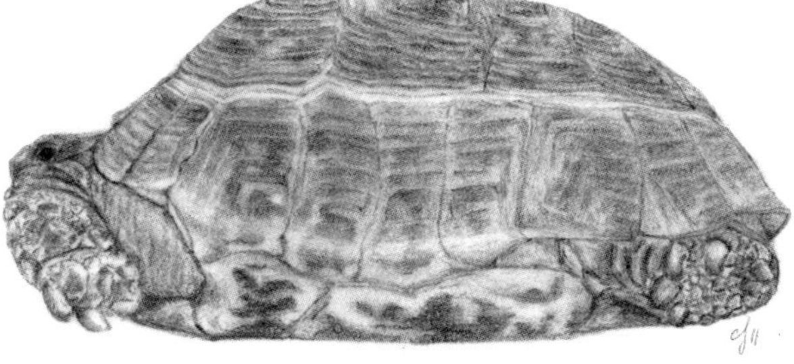

Agrionemys horsfieldii baluchiorum

ANNANDALE 1906

Belutsch-Schildkröte

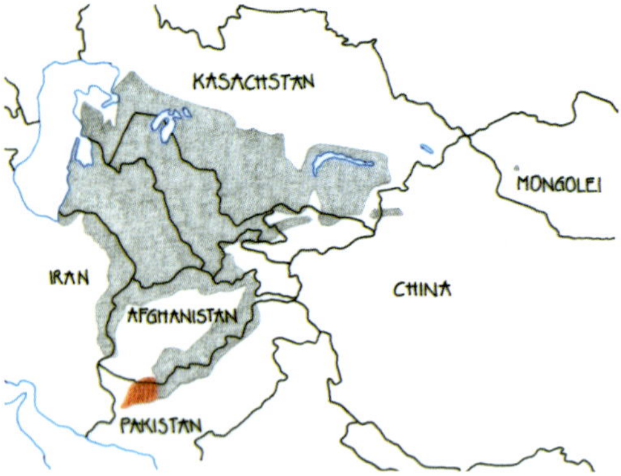

Holotypus: *A. h. baluchiorum*: Indian Museum Kolkata (Calcutta), Indien

Verbreitung: Belutschistan
Terra typica: Belutschistan

Beschreibung:

Hochrückiger als Agrionemys horsfieldii, Panzer braun mit dunkelbrauner Zeichnung, hintere Marginalia gesägt und nur leicht ausgestellt, zwei größere Tuberkelschuppen an den Hinterschenkeln, Supracaudalschild ungeteilt und vertikal, kleiner Schwanzendnagel, Größe: 10–23 cm

Agrionemys horsfieldii baluchiorum ist eine nahezu unbekannt Form, deren systematisch-taxonomischer Status nicht zweifelsfrei geklärt ist. In der Originalbeschreibung wird sie u.a. mit der in ihrer Umgebung vorkommenden *Testudo graeca zarudnyi* verglichen. Die Unterschiede, die der Beschreiber jedoch feststellte, waren so groß, dass er die Form als eigene Art beschrieb. Das Typus-Exemplar befindet sich im Naturhistorischen Museum von Kalkutta und stände für genauere Untersuchungen ggf. zur Verfügung.

3. Unterarten der Steppenschildkröten

Zeichnungen: Claudia Schürch-Bischoff

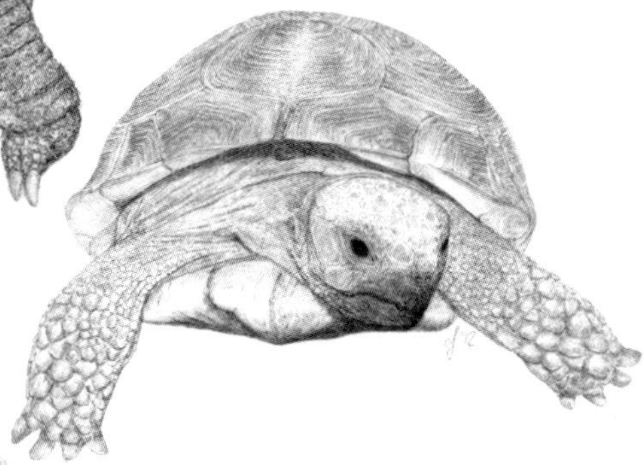

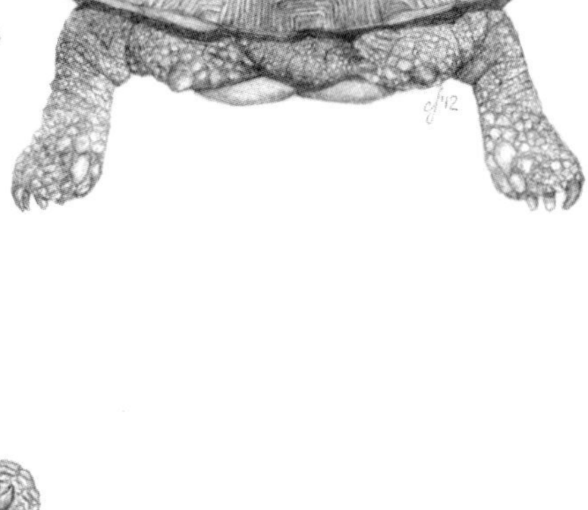

Agrionemys horsfieldii bogdanovi
CHKHIKVADZE 2008

Agrionemys bogdanovi
CHKHIKVADZE, ATAEV, SHAMMAKOV 2009

Ferganatal-Steppenschildkröte

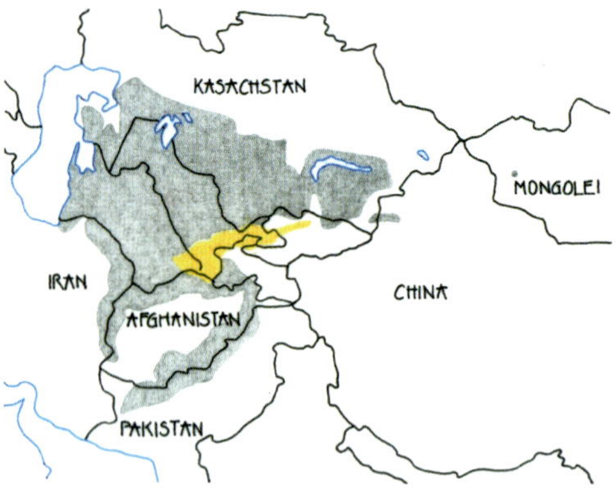

Holotypus: Sammlg. Inst. f. Palaeobiologie, Akad. Wiss., Georgien, Nr. 13.4.60

Verbreitung: Usbekistan, Turkmenistan Tadschikistan, Kirgisistan

Terra typica: Ferganatal

Beschreibung:

Carapax glatter als bei allen anderen Unterarten, Panzerfarbe dunkeloliv, grüngelb, Carapax nie rein gelb, ohne oder selten mit verwaschenen Flecken, Nuchale (Nackenschild) immer vorhanden, kurz und schmal, 3. Vertebralschild (Wirbelschild) breiter als alle anderen, keine Höcker an den Wirbelschilden, Marginalschilde (Randschilde) gezackt, zur Seite gerichtet, Seitenkiel über der Brücke nur leicht nach hinten abfallend, Plastronvorderrand ragt über den Carapaxvorderrand, Unterart *bogdanovi* hat breiteren, abgeflachteren Carapax, hintere Carapax-Gewölbekontur (Rückenpanzerkontur) gerade und nur schwach gebogen, hinteres Carapaxgewölbe (Rückenpanzergewölbe) unterscheidet sich in der Seitenansicht, Größe: 16–21cm

3. Unterarten der Steppenschildkröten

Zeichnungen: Claudia Schürch-Bischoff

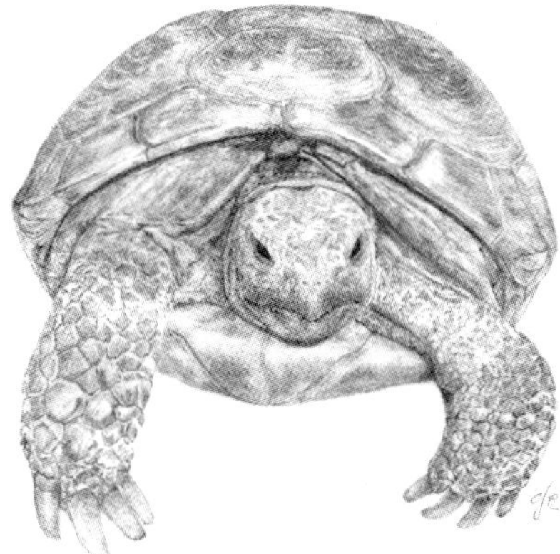

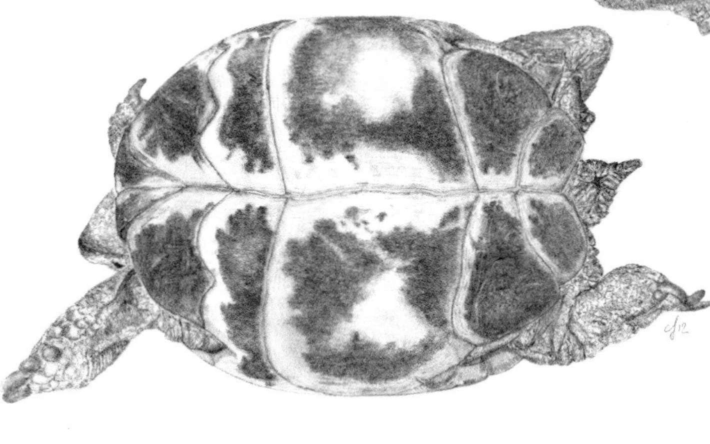

Agrionemys horsfieldii kazachstanica
CHKHIKVADZE 1988

Agrionemys kazachstanica
CHKHIKVADZE 1988

Agrionemys horsfieldii kazachstanica

Kasachische Steppenschildkröte

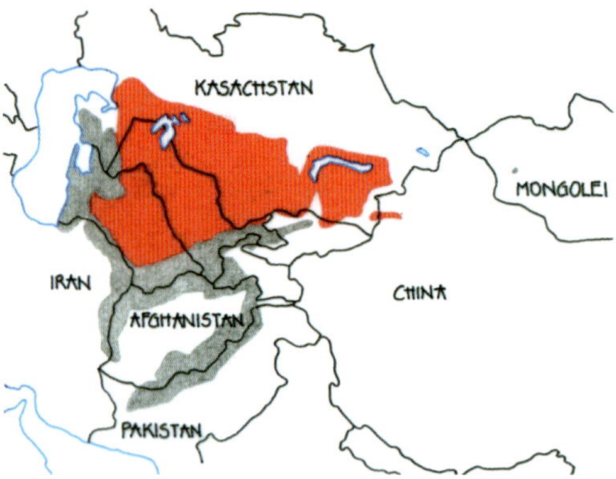

Holotypus: Nr. 13.4.1 im Instituta Paleobiologij Akademij nauk Sakarvelos Respublikis, Tbilisi, Georgien

Verbreitung: China, Kasachstan, Kirgisistan, Usbekistan

Terra typica: Siedlung Karatal, Südbalchasch-Region, Kasachstan

Beschreibung:

Carapax abgeflacht und eher eckig, Marginalia nicht ausgerandet, Kiel an Marginalia der Brücke parallel und stärker entfernt zum Plastron, Hinterrand steil abflachend, vorderer Plastronlappen steiler ansteigend, seitliche Körperöffnungen groß und seitlicher ausgerichtet, Panzerfarbe gelb bis gelbgrün mit braunen bis schwarzen Zeichnungselementen, Plastron nahezu komplett dunkel, Größe: 16–21 cm

3. Unterarten der Steppenschildkröten

Zeichnungen: Claudia Schürch-Bischoff

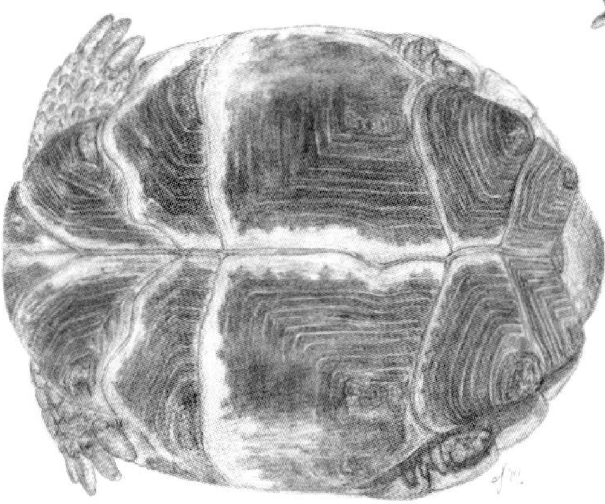

Agrionemys horsfieldii kuznetzovi
CHKHIKVADZE, ATAEV & SHAMMAKOV 2009

Agrionemys kazachstanica kuznetzovi
CHKHIKVADZE, ATAEV & SHAMMAKOV 2009

Turkmenische Steppenschildkröte

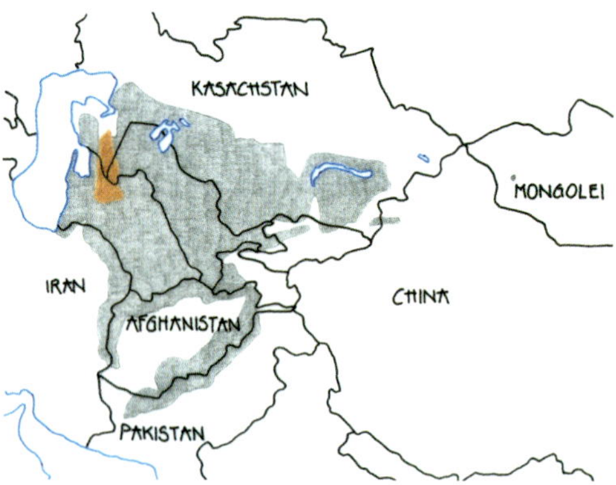

Holotypus: Sammlg. Inst. f. Palaeobiologie, Akad. Wiss., Georgien

Verbreitung: Nordturkmenistan und wahrscheinlich die Hochebene Ustyurt

Terra typica: Aktschakaja, nahe Taschaus

Beschreibung:

Färbung des Carapax dunkel, schwarze, symmetrische Flecken auf gelbem Grund, Carapaxbreite ist bei alten Männchen gleich oder größer als Carapaxlänge, Weibchen mit längerem Carapax, Wachstumsringe der Hornschilde wie bei *A. h. kazachstanica* deutlich ausgeprägt, Plastronvorderlappen deutlich angehoben, Abstand zwischen hinterem Carapax und Plastron deutlich geringer als bei *A. h. kazachstanica*, *A. h. kuznetzovi* im Gegensatz zur Norminatform mit geraderer mehr abgeplatteter Carapaxkuppel (Rückenpanzerkuppel), weniger deutliche oder keine Vertebral-Höcker, *A. h. kuznetzovi* hat gezackte hintere Marginalia, die eher nach unten stehen, Seitenkiel der Marginalia an der Brücke deutlich ausgeprägt und parallel zum Plastron, Größe: 15–16 cm

3. Unterarten der Steppenschildkröten

Zeichnungen: Claudia Schürch-Bischoff

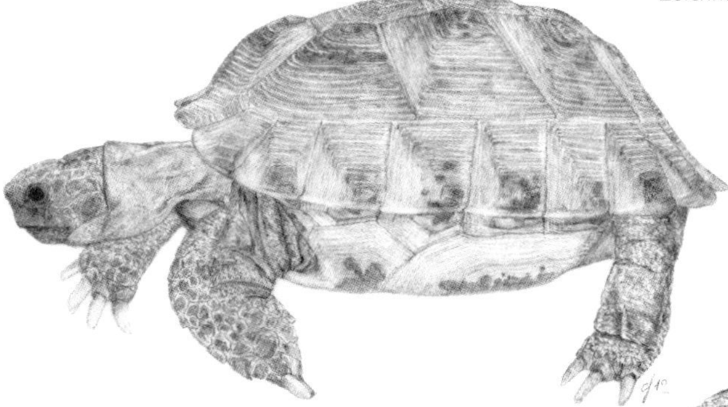

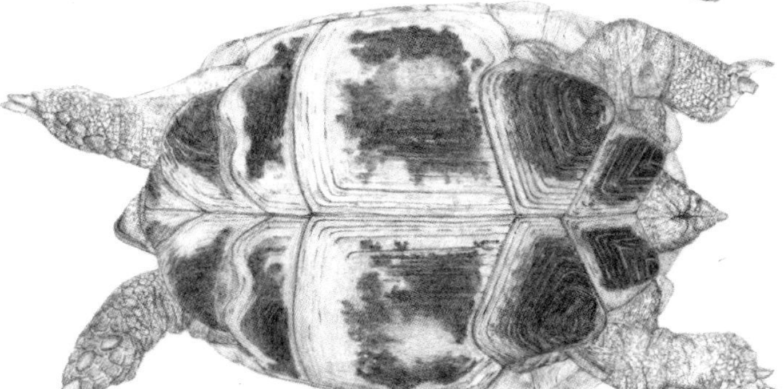

Agrionemys horsfieldii rustamovi

CHKHIKVADZE, AMIRANASHVILI & ATAEV 1990

Kaspische Steppenschildkröte

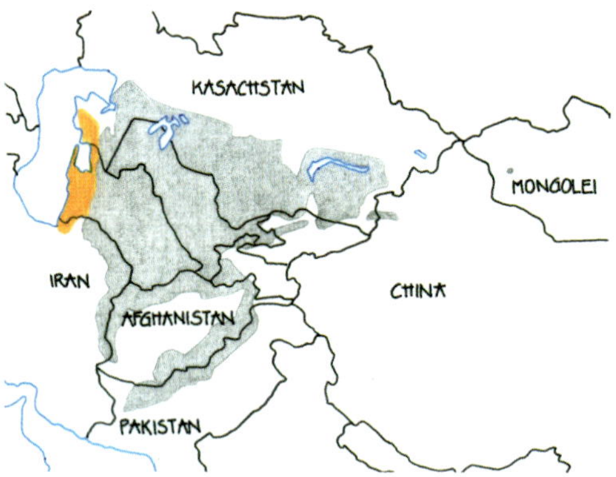

Holotypus: Nr. 13.4.88 im Instituta Paleobiologij Akademij nauk Sakartvelos Respublika, Serij Biologij, 1: S. 72

Verbreitung: Iran, Kasachstan, Turkmenistan

Terra typica: Dorf Madau, Kysyl Atrek, südwestlich Turkmenistan

Beschreibung:

Panzer in Aufsicht rund, halb so hoch wie lang, Carapax stark gewölbt, Hinterrand gesägt, vordere Panzeröffnung schmaler als hintere, Kiel an den Marginalia der Brücke niedriger als bei *A. h. kazachstanica*, Plastron ragt über den Carapax-Vorderrand, oft Epiplastraltasche, horniger Schwanzendnagel, Plastron überwiegend dunkel, kleiner als die anderen Unterarten, Größe: 12–17 cm

3. Unterarten der Steppenschildkröten

Zeichnungen: Claudia Schürch-Bischoff

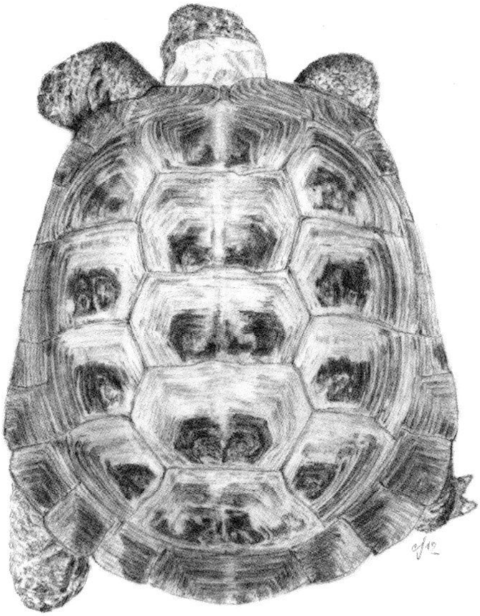

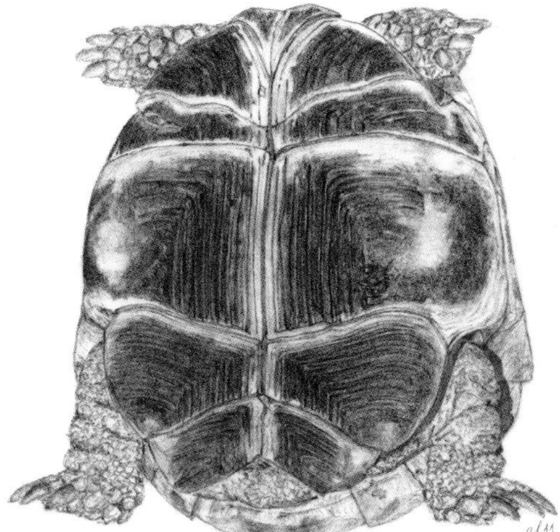

Agrionemys horsfieldii terbishi
CHKHIKVADZE 2009

Agrionemys kazachstanica terbishi
CHKHIKVADZE 2009

Mongolische Steppenschildkröte

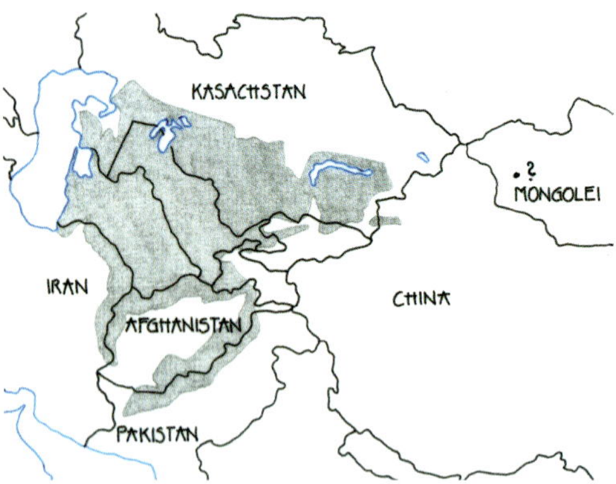

Holotypus: Kobdo Pädagogisches Institut (KPI)

Verbreitung: Mongolei (eingeführt?)

Terra typica: Mongolei, Kobdo

Beschreibung:

Panzer fast so breit wie lang, durchgehender schmaler, hoher Kiel auf dem I, II, III und IV Vertebralschild. Plastronvorderlappen sehr stark nach oben gebogen, deutlich stärker nach oben gebogen als bei *A. h. kazachstanica* und *A. h. kuznetzovi*, seitlicher Kiel auf den Brücken der Marginalen fast gerade, aber in einer geneigten Linie, Größe: 16–21 cm

3. Unterarten der Steppenschildkröten

Zeichnungen: Claudia Schürch-Bischoff

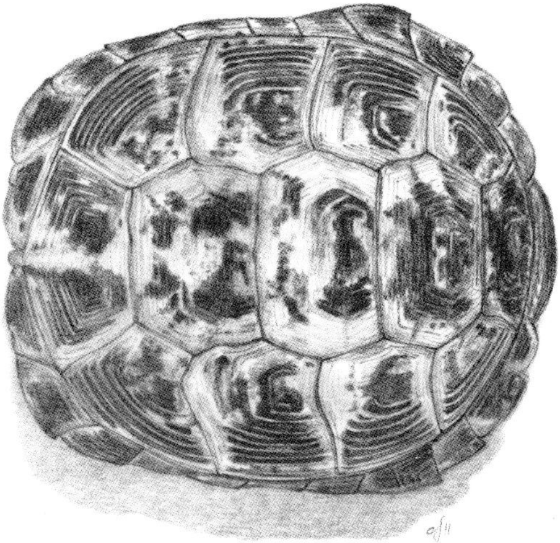

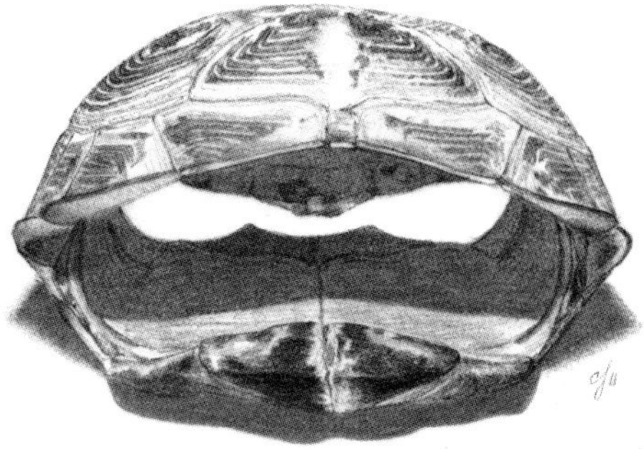

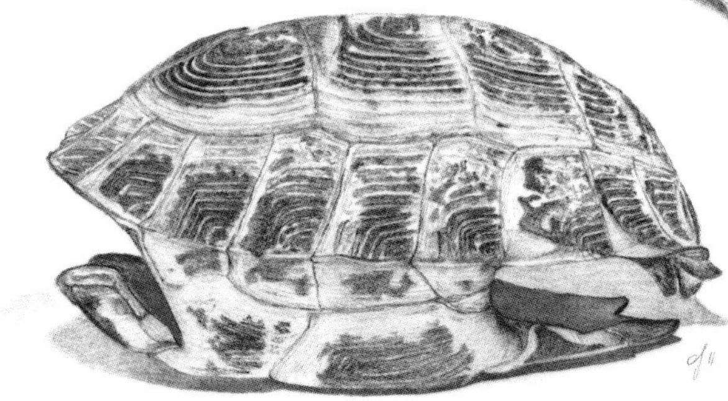

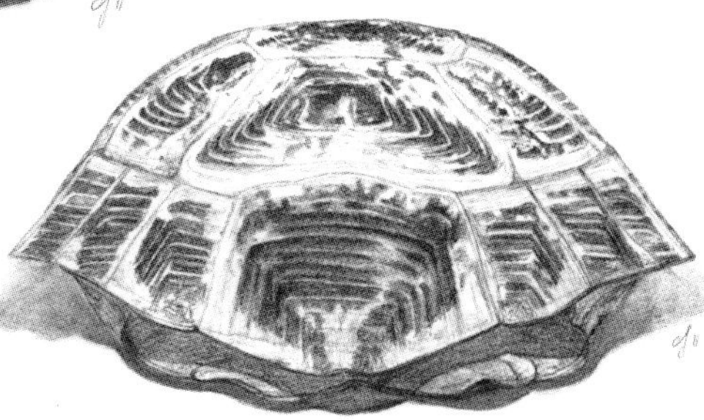

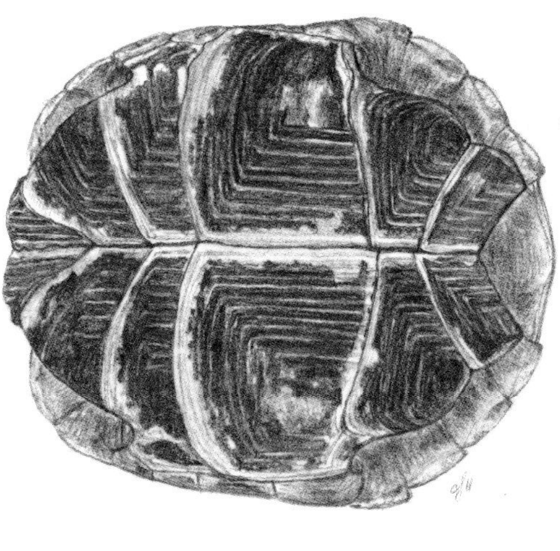

Erklärung der Hornschilde, Zeichnung: Claudia Schürch-Bischoff

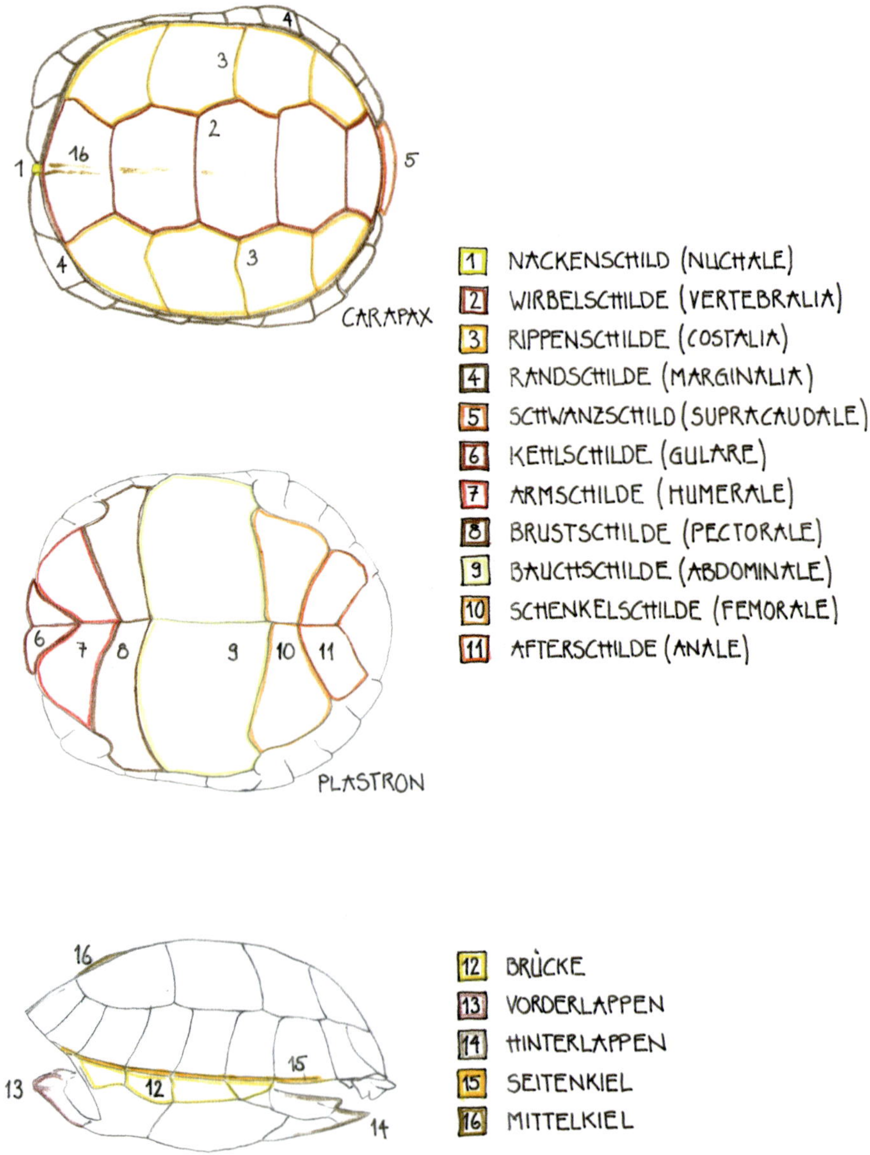

Derzeit verfügbare Informationen über die Morphologie der verschiedenen Arten und Unterarten der Steppenschildkröten (Gattung *Agrionemys*) ermöglichen es, ihre beiden wichtigsten Unterscheidungsmerkmale zu bestimmen. Diese Unterschiede können helfen, die taxonomische Zugehörigkeit der Steppenschildkröte zu bestimmen.

1. Vorderlappen des Plastron fast gerade, nicht oder kaum nach oben gebogen (fast horizontal und eine Fortsetzung des Plastron): *Agrionemys horsfieldii, A. horsfieldii baluchiorum, A. horsfieldii rustamovi und A. horsfieldii bogdanovi.*
2. Vorderlappen des Plastron deutlich nach oben gebogen (ein sichtbarer Winkel mit dem übrigen Teil des Plastron): *Agrionemys horsfieldii kazachstanica, A. horsfieldii kuznetzovi und A. horsfieldii terbishi.*

4. Allgemeine Beschreibung der Steppenschildkröten

Steppenschildkröten haben viele artspezifische Merkmale. Ihre Form ist sehr variabel, von fast kreisrund über oval bis zu fast quadratisch. Der Panzer ist etwa doppelt so lang wie hoch. Der Rückenpanzer ist abgeflacht, die höchste Stelle etwa in der Mitte. Im Nackenbereich befindet sich eine leichte Einbuchtung. Der Nackenschild (Cervicale) ist klein, oft lang und schmal. Die Wirbelschilde (Vertebrale) sind breiter als lang, das 5. Wirbelschild ist verbreitert. Die Wirbel- und Rippenschilde (Pleuralia) sind von Wachstumsringen umrahmt, Wachstumsringe bei juvenilen und semiadulten (halberwachsenen, noch nicht geschlechtsreifen) Tieren klar erkennbar, sie werden aber mit fortschreitendem Alter immer undeutlicher.
Auf jeder Seite des Panzers befinden sich meist 11 Randschilde (Marginalia). Der Schwanzschild (Supracaudale) ist ungeteilt. Der Hinterrand des Rückenpanzers ist nicht stark ausgezogen und kann leicht gesägt sein.

Die Panzerfarbe reicht von einfarbig schmutziggelb, grünlich-gelb, hornfarben, hellbraun bis gelblich-braun oder olivfarben, mit unterschiedlich großen verwaschenen Flecken auf jedem Schild, sie erreichen den vorderen und seitlichen Rand nie.

Die Abbildungen auf der nächsten Seite verdeutlichen die Varianz des Panzers bei Steppenschildkröten.

a

Vorderbeine der Steppenschildkröte (a, b)

Die Steppenschildkröten haben 4 Zehen an den Vorderbeinen (vgl. Namensgebung „Vierzehenschildkröte"). Die Krallen an den Vorderbeinen sind spachtelförmig, die Vorderbeine mit mittelgroßen Schuppen in 5 bis 6 Längsreihen bedeckt.

b

c

An den Hinterbeinen befinden sich 5 Krallen, an den Fersen große Schuppen und mehrere Tuberkel an den Oberschenkeln. Die Schwanzspitze besitzt einen kleinen Hornnagel.

d

e

Ansicht der Hinterbeine (c), Oberschenkel-Tuberkel (d), Schwanzspitze (e)

Die Extremitäten sind meist gelblich-braun, braungrau oder fast schwarz gefärbt.

Der Bauchpanzer ist mit großen schwarzen Flecken bedeckt, die oft die ganzen Schilde bedecken, die Schildnähte sind in der Regel gelb.

Die Brücke ist sehr breit, auf jeder Seite ein Achselschild und meist ein Hüftschild.

Die Tiere besitzen einen seitlich sehr weit hochgezogenen Bauchpanzer, sodass sehr viel vom Bauchpanzer zu sehen ist.

Bauchpanzer

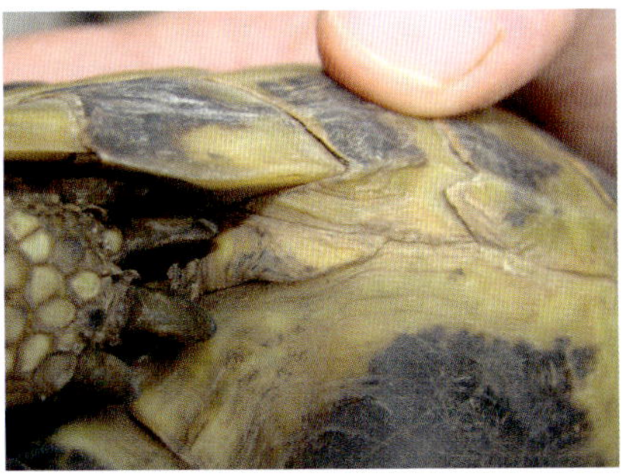

Ansicht der Brücke/Achselschild

Ansicht des hochgezogenen Bauchpanzers

Die Kehlschilde sind verdickt und stehen nach vorne oft über den Vorderrand des Rückenpanzers hinaus.

Der Kopf ist mittelgroß, länglich und schmal, der Kiefer kräftig, der Oberkiefer mit Hakenschnabel (oft mit 3 Spitzen), der Unterkiefer mit einer Spitze.

Die Vorderstirnschuppe ist längsgeteilt und groß, die Stirnschuppe groß, die restlichen Kopfschuppen sind klein.

Hals und Kopf sind gelblich-braun bis braungrau, teilweise sogar fast schwarz, gefärbt.

Größe:

Die Steppenschildkröte ist eine mittelgroße Schildkrötenart, mit einer Rückenpanzerlänge von bis zu 28 cm und einem Gewicht von bis zu 3 kg. Die durchschnittliche Größe wildlebender Tiere der Art *Agrionemys horsfieldii* ist jedoch meist kleiner, nicht länger als 15–20 cm und selten größer als 22–24 cm, bei einem Gewicht von ca. 0,6 bis1,8 kg.

Ca. 60-jährige Steppenschildkröte mit einem Gewicht von fast 3 kg und einer Plastron-Länge von 27 cm, Foto: Dagmar Lerch

Geschlechtsunterschiede:

Die adulten (geschlechtsreifen) Männchen und Weibchen sind aufgrund mehrerer Merkmale leicht zu unterscheiden. Allerdings gibt es insbesondere bei jungen Tieren sich überschneidende Merkmale, die die Geschlechtsbestimmung schwierig, bisweilen sogar unmöglich machen.

a

b

Männchen (a)
Weibchen (b)

Steppenschildkrötenmännchen sind kleiner als die Weibchen. Männliche Tiere haben einen längeren Schwanz, der an der Basis breiter ist und sich allmählich zur Spitze hin verjüngt. Der Schwanz steht deutlich über den Rand des Rückenpanzers hinaus, der Hornnagel ist stärker ausgebildet, der Analspalt liegt stärker in Richtung Schwanzspitze.
Bei Weibchen ist der Schwanz im Vergleich kürzer und deutlich verjüngt. Der Analspalt liegt stärker in Richtung Bauchpanzer.
Bei beiden Geschlechtern ist der Bauchpanzer nicht konkav (nach innen gewölbt). Der Schwanzschild ist bei Männchen deutlich gebogen, bei Weibchen verläuft er stärker senkrecht nach unten.
Adulte Weibchen sind wesentlich größer als gleichaltrige Männchen, oft doppelt so groß.

Deutlich zu sehen ist der Größenunterschied zwischen dem Männchen und dem Weibchen.

Zwischen dem 4. und 6. Lebensjahr kann man das Geschlecht in der Regel unterscheiden. Die Geschlechtsreife tritt erst später ein, bei Männchen im Alter von 8 bis 14 Jahren, bei Weibchen zwischen dem 10. und 15. Lebensjahr (Brushko 1978, Shammakov 1981).

Alter:

Über das Höchstalter liegen keine verlässlichen Informationen vor. Nach Ataev (1985) liegt die durchschnittliche Lebenserwartung bei geschätzten 23 bis 25 Jahren. Demnach sollen männliche Tiere meist nicht älter als 21 Jahre werden. Diese Angaben beruhen auf Zählungen der Wachstumsringe auf den Hornschilden. Allerdings kann das Alter anhand der Wachstumsringe bei dieser grabenden Art nur geschätzt werden. Bei Jungtieren können sich durch Wachstumsschübe mehrere Wachstumsringe im Jahr bilden. Bei älteren Tieren sind die Wachstumsringe sehr undeutlich, was eine Zählung der Wachstumsringe unmöglich macht.

Eine ca. 50 Jahre alte Steppenschildkröte

Ich selbst pflege Tiere, die nachweislich 35 Jahre in Deutschland sind, und sich seitdem in Größe und Gewicht kaum verändert haben. Meine 1. Steppenschildkröte bekam ich 1962, ein adultes Tier, es starb 1995. In diesen Jahren hat sich ihr Panzer nahezu nicht verändert, auch die Mittelnaht wurde nicht gezackt ausgebildet, sondern mit der Zeit nur etwas wellig. Die Mittelnaht am Bauchpanzer ist bis zu einem Alter von 15 Jahren fast gerade und bis zu einem Alter bis 30 Jahre nur leicht gewellt. Bis jetzt habe ich nur 1 Tier mit einer stark gezackten Mittelnaht gesehen, ein vor 10 Jahren aufgegriffenes Fundtier.

Die Mittelnaht dieser 18-jährigen Steppenschildkröte ist fast noch gerade.

Die Mittelnaht des Fundtieres ist stark gezackt. Das Alter ist unbekannt, wird jedoch bei dieser männlichen Steppenschildkröte auf über 60 Jahre geschätzt.

Der Körperbau einer Schildkröte

Der Schildkrötenpanzer:

Kennzeichnend für Landschildkröten ist ihr Panzer. Dieser besteht aus einem Rücken- und Bauchpanzer, der zwischen jedem Vorder- und Hinterbein mit einer seitlichen Knochenbrücke verbunden ist.
Rücken- und Bauchpanzer sind mit Hornschilden bedeckt. Der Panzer einer Schildkröte kann im Durchschnitt 30 % des Körpergewichts betragen. Der Aufbau des Panzers ist symmetrisch. Der Rückenpanzer besteht aus 5 Wirbelschilden, 4 Rippenschilden und meist aus 22 Randschilden. Im Nacken befindet sich ein Nackenschild und oberhalb des Schwanzes ein Schwanzschild.

Schildkröten können bei Gefahr ihre Gliedmaßen einziehen. Foto: Claudia Schürch-Bischoff

Der Bauchpanzer besteht je aus 2 Kehl-, Arm-, Brust, Bauch-, Bein- und Afterschilden.
Der Panzer bietet Schutz vor Fressfeinden. So können Schildkröten bei Gefahr Kopf und Gliedmaßen in ihren Panzer einziehen. Hornschuppen an den Gliedmaßen schützen die Weichteile.

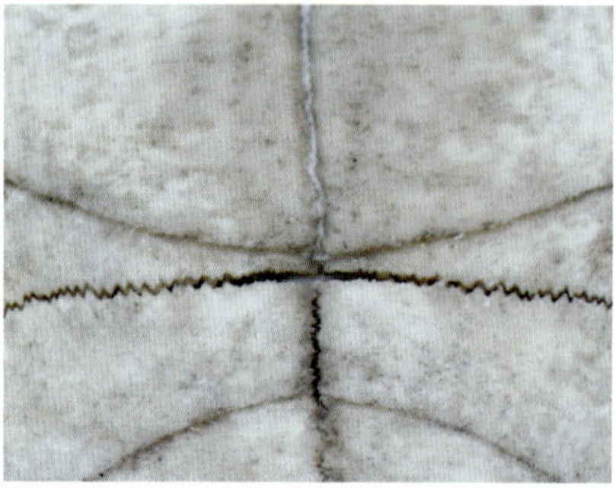

Verzahnung der Knochennähte am Bauchpanzer, Foto: Hans - Dieter Philippen

Der Knochenpanzer besteht aus Knochenplatten, die durch verzahnte Knochennähte miteinander verbunden sind.

Die Wirbelknochenplatten sind klein, die Rippenknochenplatten lang und schmal. Die Randknochenplatten sind mit den Randschilden identisch, Wirbelsäule und Rippen sind mit den Knochenplatten verwachsen.

Die Hornschilde stimmen mit den Nähten der Knochenplatten nicht überein, dadurch wird eine größere Festigkeit des Panzers erreicht.

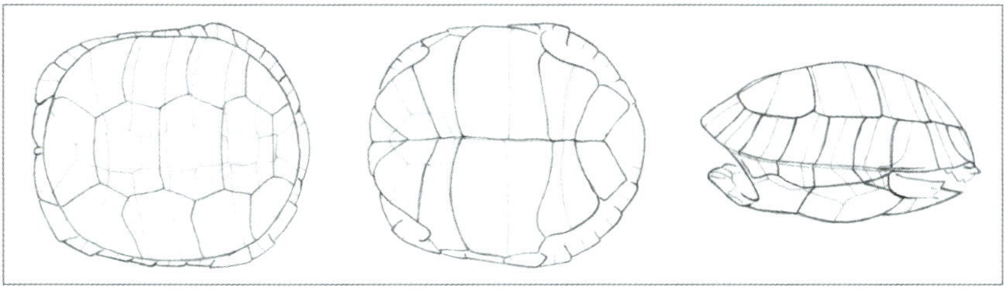

Horsfieldii-Panzer mit eingezeichneten Hornschilden und Knochenplatten. Zeichnung: Claudia Schürch-Bischoff

Die Hornschilde bestehen aus Keratin, der gleichen Grundsubstanz wie z. B. bei menschlichen Fingernägeln. An den Nähten befinden sich Wachstumszellen, die dünn und empfindlich gegen äußere Einwirkungen sind.
Zwischen Hornpanzer und Knochenpanzer befindet sich eine Hautschicht, in der Nerven- und Blutbahnen verlaufen. Deshalb können Schildkröten selbst leichte Berührungen und Temperaturveränderungen spüren. Diese Knochenhaut ist sehr schmerzempfindlich.

Bei Schlüpflingen ist der Knochenpanzer vorerst nur in Ansätzen miteinander verbunden. Bis Rücken- und Bauchpanzer sich bis auf kleine Fontanellen (Knochenspalten) geschlossen haben, dauert es etwa 3–4 Jahre. Im Alter von ca. 5 Jahren ist die Verknöcherung abgeschlossen.

Siebenrock Präparate von Agrionemys horsfieldii aus der Wiener Sammlung, Fundort Turkmenistan, (Krasnovodsk?) Foto: Markus Auer

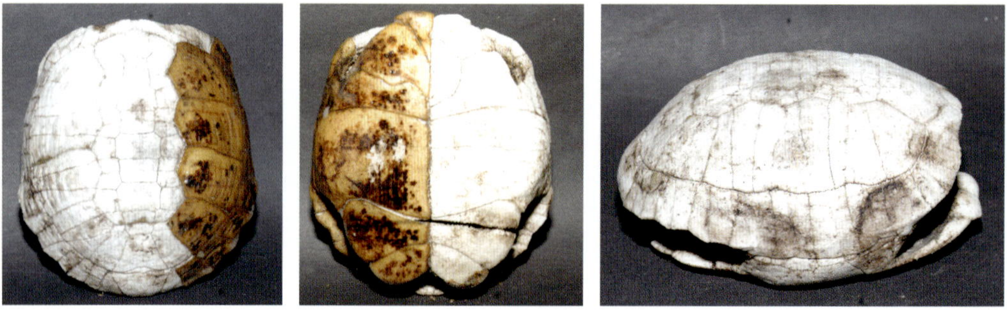

Knochenpanzer mit teils vorhandenen Hornschilden einer Steppenschildkröte, Foto: Hans - Dieter Philippen

Dies verdeutlicht, dass eine optimale Haltung (Temperatur, UV-Strahlung etc.) und Ernährung (Wildkräuter, Kalziumzufuhr etc.) gerade in der Zeit des Wachstums sehr wichtig sind. Der Panzer junger Steppenschildkröten bietet keinen ausreichenden Schutz und ist noch sehr verletzlich.

Die Haut:

Die Haut (Kutis) besteht aus einer verhornten Oberhaut, unter der sich die Unterhaut (Subkutis) befindet. Die Unterhaut stellt mit ihrem Bindegewebe die Verbindung zur Skelettmuskulatur her; ihr fehlt das Unterhautfettgewebe. Allerdings kann sich in der Unterhaut durch Überernährung Fett einlagern.

Die Haut schützt als äußere Hülle die Extremitäten vor mechanischen und mikrobiellen Einflüssen, ebenso vor UV-Strahlen. In der Haut wird Vitamin D synthetisiert. Außerdem unterstützt die Haut die Thermoregulierung der Schildkröten, da diese keine Talg- und Schweißdrüsen besitzen und folglich zur Thermoregulation nicht schwitzen und sich so abkühlen können. Die Haut ist trocken, glatt, gekörnt, geschuppt und teils stark verhornt. Die Tiere häuten sich durch Ablösen von Hautfetzen.

Die Ohren:

Die Ohren haben keine Ohrmuschel. Das Trommelfell (Mittelohr) stellt die äußere Begrenzung dar. Es ist von einer dünnen Hautschicht überzogen und hebt sich optisch nicht ab. Schildkröten können hören, nehmen aber nur tiefe Töne wahr. Sie erfassen den Schallwellenbereich von 100 bis 1000 Hz. Ab 1000 Hz scheinen Schildkröten taub zu sein (SASSENBURG 2000). Angenommen wird, dass die Paarungslaute der Männchen registriert werden.

Die Augen:

Schildkröten sind weitsichtig. Ihr großer Blickwinkel ermöglicht es ihnen, alle herannahenden Gefahren zu erkennen (mit Ausnahme von Vögeln). Bewegungslose Objekte verschmelzen mit dem Hintergrund. Die Farbwahrnehmung ist bei Schildkröten ausgeprägt. Schildkröten besitzen außerdem die Fähigkeit, vertraute Personen in der Ferne zu erkennen.

Die Nase:

Schildkröten können mithilfe ihres Geruchssinns unterschiedliche Duftstoffe aus großer Entfernung erkennen. Dies dient der Futtersuche und dem Auffinden eventueller Geschlechtspartner.
In der Regel wird alles genau beschnuppert, egal ob Futter, Boden oder Artgenossen.

Die Stimme:

Grundsätzlich sind Schildkröten stumm. Nur bei Paarungen stoßen Männchen Kehllaute aus.

Der Geschmackssinn:

Der Geschmackssinn ist gut ausgeprägt. Die Tiere nehmen hauptsächlich Nahrung zu sich, die ihnen auch schmeckt und die sie von klein auf gewohnt sind. Deshalb ist es sehr wichtig, das Gehege abwechslungsreich mit vielen verschiedenen Wildkräutern zu bepflanzen und Schildkröten bei Zufütterung von Anfang an eine reiche Palette verschiedener Wildkräuter – frische und getrocknete – zur Verfügung zu stellen.

Der Tastsinn:

Der Tastsinn ist gerade bei den Weibchen sehr stark ausgeprägt. Sie sind in der Lage, eine genau passende Eigrube mit den Hinterbeinen auszuheben. Auch bei der Eiablage fangen sie geschickt die Eier mit den Hinterbeinen auf, um sie präzise in der Eigrube zu platzieren.

Der Gedächtnis- und der Orientierungssinn:

Schildkröten besitzen ein ausgezeichnetes Gedächtnis. Sie erkennen nach der Winterstarre ihr Freigehege wieder, wissen, wo sich Aus- und Eingänge zu den Schutzhütten und Lieblingsplätze befinden. Sie erkennen ihre Artgenossen.
Schildkröten orientieren sich hauptsächlich durch den Geruchssinn und ihre Augen, wobei sie sich auch nach dem Sonnenstand richten.

Der Fressinstinkt:

Steppenschildkröten sind von Natur aus karges Futter gewohnt, deshalb müssen sie in der freien Natur große Mengen fressen, um satt zu werden. Dieses Verhalten bleibt auch in menschlicher Obhut bestehen. Allerdings ist hier das Nahrungsangebot sehr reichhaltig, was zur Folge hat, dass Steppenschildkröten bei unserer Haltung zur Verfettung neigen. Hier müssen wir als Schildkrötenhalter regulierend eingreifen.
Dies können wir zum einen, indem wir Steppenschildkröten ein sehr großes Gehege bieten, sodass sie viel Bewegungsfreiheit haben,

zum anderen, indem wir versuchen, ein habitatnahes, natürliches Klima zu simulieren, damit die Tiere ihre Ruhezeiten einhalten, aber ganz überwiegend, indem wir unsere Fütterung überdenken und ab Juli vermehrt getrocknete Wildkräuter und Heu füttern.

Das Schmerzempfinden:

Schildkröten können Schmerzen nicht durch Laute äußern, aber wie alle Lebewesen verspüren sie Schmerz und leiden darunter. Auch ihre Mimik ist bei Schmerzen stark eingeschränkt.
Ein gewissenhafter Halter, der seine Tiere genau beobachtet und kennt, kann in der veränderten Mimik einer Schildkröte Anzeichen des Leidens erkennen, an ihrem Verhalten oder ihren Augen. Manchmal deutet sogar das Aufreißen des Mauls auf starke Schmerzen hin. Oftmals zeigen Tiere Schmerzen, indem sie sich kaum noch bewegen oder das Fressen einstellen.

Der Verdauungstrakt:

Steppenschildkröten sind reine Pflanzenfresser. Der Ober- und Unterkiefer ist mit einer Hornschneide bedeckt. Diese übernimmt jeweils die Funktion der Zähne. Die Zunge ist wenig beweglich, kurz und dick. In der Maulhöhle hat der Speichel kaum vorverdauende Funktionen. Mithilfe der Zunge gelangt die mit Speichel gleitfähig gemachte Nahrung in den Rachenraum und in die Speiseröhre. Die kräftige Wandmuskulatur der Speiseröhre hilft bei der Zerkleinerung der Nahrung. Von dort gelangt die Nahrung in den Magen. Hier beginnt die Verdauung. Mittels der Magenmuskulatur wird die Nahrung zerrieben und dabei die Magensaftproduktion mittels Drüsenzellen in der Magenschleimhaut angeregt. Der Magensaft besteht aus Salzsäuren, Pepsinen und weiteren Verdauungsenzymen, welche für die Eiweißverdauung sorgen. Der Prozess der Verdauung ist temperaturabhängig. Bei höheren Temperaturen wird die Verdauung beschleunigt.

Der Darm ist in einen Dünndarm, einen Blinddarm und einen Dickdarm unterteilt. Vom Magen gelangt der Nahrungsbrei in den Dünndarm, dort wird Bauchspeicheldrüsensaft zugefügt, dessen Enzyme u. a. beim Abbau von Fetten, Proteinen und Kohlenhydraten mitwirken. Im Blinddarm wird der Nahrungsbrei aufgehalten und in Portionen weitertransportiert. Über den Blinddarm gelangt er in den Dickdarm, hier helfen Kleinstlebewesen und deren Enzyme bei der Verdauung.
Im Enddarm wird dem Nahrungsbrei Wasser entzogen und der Kot formt sich.

5. Anschaffung

Der Kauf einer Schildkröte sollte gut überlegt sein. Zum einen wird Sie das Tier aufgrund seiner hohen Lebenserwartung Jahrzehnte begleiten, zum anderen müssen Sie in der Lage sein, dem Tier eine artgerechte Haltung zu bieten.

Außerdem müssen weitere Anschaffungen (z. B. für den Bau von Freigehegen, den Kauf von Frühbeeten, Wärme- und UV-Lampen etc.) berücksichtigt werden, die für eine artgerechte Haltung unserer Pfleglinge erforderlich sind, sodass unter Umständen mit erheblichen weiteren Kosten zu rechnen ist. Der Anschaffungspreis der Schildkröte ist hier noch der geringste Posten.

Mit Unterstützung der Eltern kann auch verantwortungsbewussten Kindern den Zugang zu Schildkröten ermöglicht werden.

Schildkröten gehören nicht in Kinderhände. Sie sind keine Kuscheltiere und auch keine Ersatztiere für Kinder, die aufgrund einer Tierhaarallergie keine Katzen, Hasen etc. halten können. Ist das Kind allerdings schon in einem Alter, in dem es weiß, dass eine Schildkröte ein Tier zum Beobachten, aber nicht zum Spielen ist, dann steht einer künftigen Schildkrötenhaltung nichts entgegen, sofern die Eltern bereit sind, die Verantwortung für das Tier zu übernehmen und das Kind zu unterstützen.

Vor dem Kauf sollte sich der zukünftige Schildkrötenhalter eingehend über die Ansprüche informieren, die an eine artgerechte Haltung zu stellen sind. Das kann über Bücher, Fachzeitschriften, das Internet und bei einem Züchter erfolgen. Es kann auch ratsam sein, Schildkrötenhalter aufzusuchen und sich direkt vor Ort zu informieren. Allerdings ist auch hier Vorsicht geboten: Wie es gute und weniger gute Literatur und Internetseiten zum Thema Schildkröten gibt, so gibt es auch Schildkrötenhalter, die auf dem neuesten Stand sind, oder eben nicht. Leider sind auch Halter anzutreffen, die immer noch vehement den Stand der Schildkrötenhaltung von vor 20 Jahren vertreten. Seien Sie daher kritisch und informieren Sie sich umfassend. Halten Sie sich nicht nur an die Meinung eines Einzelnen.

Nur mit einer artgerechten Haltung hat man Freude an den Steppenschildkröten. Ein unüberlegter und schlecht vorbereiteter Kauf schafft immer Probleme und wird den Tieren nicht gerecht.

Erwerben kann man die Tiere in Zoofachgeschäften, auf Börsen oder über Anzeigen (im Internet).
Von Vorteil ist es jedoch, Steppenschildkröten direkt bei einem Züchter zu kaufen, der Ihnen seine Haltung und seine Tiere zeigt und sich Zeit nimmt, um Sie über spezielle Bedürfnisse dieser Art aufzuklären und Ihre Fragen zu beantworten. Ein guter Züchter wird auch Ihnen Fragen stellen, z. B. nach einem sonnigen Gartengrundstück, nach der Größe Ihrer Gehege, ob Sie den Schildkröten ein beheizbares Frühbeet bzw. Gewächshaus zur Verfügung stellen können oder ob Sie schon Erfahrungen mit Schildkröten haben. Es zeichnet den Züchter aus, wenn er Ihnen seine Tiere nicht einfach überlässt, ohne dass diese Fragen geklärt sind. Ein seriöser Züchter wird sich immer Zeit nehmen, um zu erfahren, wie seine Tiere bei Ihnen gehalten werden sollen. Er wird auch nach dem Kauf für Auskünfte und Hilfeleistungen gerne zur Verfügung stehen.

Kaufen sollten Sie nur Schildkröten (Jungtiere), die bereits beim Züchter erfolgreich mindestens eine Winterstarre absolviert haben. Die

Frage, ob man 1, 2 oder mehr Schildkröten halten sollte, kann pauschal nicht beantwortet werden. Allerdings fühlen sich gerade Jungtiere wohler, wenn mindestens 2 Tiere zusammen gehalten werden. Es sollte aber auch nicht verschwiegen werden, dass es mit zunehmendem Alter erforderlich sein kann, die Tiere zu trennen. Auch dies sollte der zukünftige Schildkrötenhalter bei einem Erwerb bedenken.

Auf folgende Punkte sollte beim Kauf von Schildkröten beim Züchter geachtet werden:

- Die Schildkröten sollten im Freiland in einem beheizbaren Frühbeet, Gewächshaus oder Schildkrötenhaus leben.
- Die Ernährung der Schildkröten sollte nur aus Wiesenkräutern, z. B. frische und getrocknete Wildkräuter sowie AGROBS (im Handel erhältliche getrocknete Kräuter), bestehen.
- Die Schildkröten sollten bereits ab Schlupfjahr eine Winterstarre gehalten haben.

Wie sollte eine gesunde Schildkröte aussehen und sich verhalten?

- Der Panzer sollte fest und glatt gewachsen sein. Er darf keine Verletzungen aufweisen.
- Die Haut muss frei von Verletzungen (z. B. Bisswunden) sein.
- Haut und Panzer sollten eine natürliche Farbe haben, nicht wächsern wirken (Hinweis auf mangelnde Freilandhaltung und mangelndes UV-Licht).
- Die Augen müssen klar, rund und groß, die Nasenlöcher frei und ohne Ausfluss sein.

- Keinesfalls darf die Schildkröte beim Atmen pfeifende Geräusche von sich geben (nicht mit dem zischenden Geräusch zu verwechseln, das eine Schildkröte macht, wenn sie sich in den Panzer zurückzieht).
- Eine gesunde Schildkröte läuft hochbeinig, der Panzer darf nicht über den Boden schleifen.
- Die Schildkröte sollte beim Hochnehmen ein Abwehrverhalten zeigen.

Obwohl Schüpflinge sehr zerbrechlich wirken, sollten sie wie adulte Tiere gehalten werden.

Erwerb

Die beste Zeit, eine Steppenschildkröte zu erwerben, ist von Ende April bis Anfang Mai, da zu dieser Zeit die Tiere am lebhaftesten sind. Durch den Kauf im Frühjahr hat man genügend Zeit, die Tiere den Sommer über zu beobachten und kennenzulernen.
Der denkbar schlechteste Zeitpunkt, eine Steppenschildkröte zu kaufen, ist August oder noch später: Die Aktivität der Tiere nimmt naturgemäß ab. Beginnend im September bereiten sich die Tiere in der Regel bereits auf die Winterstarre vor. Für Anfänger in der Schildkrötenhaltung ist ein eventuell krankheitsbedingtes Verhalten kaum noch vom normalen Verhalten einer Steppenschildkröte zu unterscheiden.

Bitte bedenken Sie beim Kauf einer Schildkröte, dass das günstigste Angebot nicht immer auch das beste sein muss. Vermehrt werden

Steppenschildkröten (Jungtiere, semiadulte und adulte Schildkröten), z. B. in Polen auf Märkten, zu sehr viel niedrigeren Preisen angeboten als bei einem deutschen Züchter. In der Regel handelt es sich bei solchen Tieren nicht um Nachzuchten von privaten Züchtern, sondern um Farmzuchten oder um Tiere, die in ihren Ursprungsländern abgesammelt wurden.
Kaufen Sie solche Tiere auf keinen Fall! Zum einen dürfen die Tiere nicht ohne Papiere und behördliche Genehmigungen über die Grenze nach Deutschland gebracht werden. Die Tiere sind in Deutschland und in der EU streng geschützt und werden häufig auf solchen Märkten illegal verkauft bzw. erworben. Sie riskieren, dass die Tiere beschlagnahmt werden und Sie, als Tierhalter, ein hohes Bußgeld zahlen müssen. Zum anderen sind viele dieser Tiere auch krank und sterben über kurz oder lang. Sie kaufen sich nur Frust und Leid.

Quarantäne bei Schildkröten

Neu erworbene Schildkröten dürfen auf keinen Fall gleich zu eventuell schon vorhandenen Schildkröten gesetzt werden. Dies zu beachten, kann für Ihre neue Schildkröte, aber auch für Ihren Altbestand überlebensnotwendig sein!

Eine konsequente Quarantäne der neu erworbenen Tiere ist sehr wichtig. Sie sollte mindestens 1 Jahr dauern. In dieser Zeit sollten die Tiere mehrfach auf Viruserkrankungen (Herpes, Rana, Virus X), Mykoplasmen und Parasiten (Würmer, Einzeller) getestet werden. Aus diesem Grund ist es auch wichtig, sich als neuer Schildkrötenhalter vorab schon auf die Suche nach einem Tierarzt zu begeben, der auf Reptilien, insbesondere Schildkröten, spezialisiert ist. Scheuen Sie bitte keine weiten Wege zu einem Reptilienfacharzt. Durch eine unsachgemäße Behandlung ist schon so manche Schildkröte zu Schaden gekommen.

Bei Jungtieren (Schlüpflinge, 1- bis 3-jährige Schildkröten) ist eine Untersuchung auf Viruserkrankungen wegen geringer Größe und geringem Gewicht nicht möglich. Hier ist eine konsequente Quarantäne sehr wichtig! Setzen Sie nie Tiere von verschiedenen Züchtern, Zoofachgeschäften etc. zusammen oder zu Ihren eigenen Tieren dazu.
Bei Jungtieren sind Quarantäne, genaues Beobachten sowie Kotuntersuchungen sehr wichtig.
Vertrauen Sie nicht blind irgendwelchen Zusagen eines Verkäufers, seien Sie kritisch und lassen Sie die Tiere tierärztlich untersuchen.

Unser Ziel: Der Panzer von Jungtieren sollte sich im Hinblick auf das Wachstum möglichst kaum von freilebenden Artgenossen unterscheiden.

Steppenschildkröte in Kasachstan, Foto: © Ralko - Fotolia.com

Landschildkröten sind Wildtiere, die sich trotz Schlupf in menschlicher Obhut nicht unserem Klima anpassen können. Das bedeutet: Wir als Schildkrötenhalter müssen ihren Ansprüchen gerecht werden.

Massiv gemauertes Schildkrötenhaus

Schildkröten sind als wechselwarme Tiere auf die Wärmezufuhr von außen angewiesen, damit sie die erforderliche Stoffwechseltemperatur erreichen können. Für die artgerechte Haltung ist es daher notwendig, seinen Tieren ein heizbares Frühbeet oder Gewächshaus zur Verfügung zu stellen sowie auch eine Strahlungs- bzw. Wärmequelle (z. B. in Form eines Halogenstrahlers).

Für die Wärmezufuhr gut geeignet sind Halogenstrahler.

Da es in unseren Breiten selbst im Hochsommer zu einer nasskalten Witterung kommen kann, ist es ein absolutes Muss, dass sich Steppenschildkröten in einem beheizbaren, trockenen und hellen Raum aufhalten können. Um ihnen nur annähernd das Klima in ihren Herkunftsgebieten bieten zu können, reicht es nicht aus, den Steppenschildkröten nur eine einfache Schutzhütte oder gar lediglich einen Unterstand zu bauen. Das Frühbeet oder Gewächshaus muss so großzügig bemessen sein, dass sich die Tiere aus dem Weg gehen können oder notfalls aggressive Tiere getrennt werden können. Dies ist auf 1 m² Fläche nicht möglich und sollte bereits bei der Bauplanung für ein Freigehege berücksichtigt werden. Gegebenenfalls müssen den Tieren mehrere Unterkünfte sowie mehrere Freigehege zur Verfügung gestellt werden.

a

b

c

Gut strukturiertes Gehege mit Frühbeeten (a), Foto: Dagmar Lerch

Freigehege mit Gewächshaus (b), Foto: Erhard und Gisela Schilling

Abwechslungsreich gestaltetes Freigehege mit Gewächshaus (c), Foto: Thorsten Geier

Meine Steppenschildkröten beenden ihre Winterstarre Ende Februar oder Anfang März. Eine artgerechte Haltung bedeutet, dass die Tiere auch in der Übergangszeit, wenn sie witterungsbedingt noch nicht ins Freie dürfen, ausreichend Platz haben müssen, um ihren Bewegungsdrang ausleben zu können. Hierzu benötigt man unbedingt ein großes beheizbares Gewächshaus, Frühbeet, Schildkrötenhaus oder ein großes Zimmerterrarium. Wobei ein Terrarium nur ein Notbehelf für Übergangs- oder Krankheitszeiten sein sollte. In jedem Fall ist die Freilandhaltung mit beheizbarem Frühbeet, Gewächshaus oder Schildkrötenhaus zu bevorzugen.

Der erste Aufenthalt im Freigehege im März bei sonnigem Wetter

Innenansicht meines Schildkrötenhauses, mit großzügigen Holzterrarien für die Übergangszeit bei Jungtieren

Ein Zimmerterrarium muss die entsprechende Größe haben, damit sich die Tiere wohlfühlen können. Je mehr adulte Tiere gehalten werden, umso größer muss das Zimmerterrarium sein, notfalls müssen mehrere Quadratmeter zur Verfügung gestellt werden. Ein Glasterrarium mit wenigen Quadratzentimetern Grundfläche, wie es immer wieder im Handel angeboten wird, ist allenfalls nur kurzfristig für wenige Schlüpflinge ausreichend.

Das Freilandgehege sollte der sonnigste Platz des Gartens und möglichst den ganzen Tag über mit Sonne versorgt sein. Es ist enorm wichtig, dass sich die Schildkröten bereits in der Morgensonne aufwärmen können, damit die Tiere aktiv werden können. Das Freigehege sollte so groß wie möglich sein. Keinesfalls ist es ausreichend, einer adulten Steppenschildkröte nur 2–3 m^2 Auslauf zur Verfügung zu stellen. Für ein einzelnes Tier sollte das Gehege mindestens eine Größe von 10 m^2 haben. Entsprechend größer muss das Freigehege bei mehreren Tieren sein.

Die Einfriedung sollte so hoch sein, dass Steppenschildkröten sie nicht überklettern können (nicht unter 30 cm, besser 40 cm hoch). Zusätzlich sollte auf der Umrandung ein Brett o. Ä. angebracht sein, das in das Gehege ragt, um ein Überklettern zu verhindern. Die Umrandung sollte mindestens 20 cm tief in den Boden eingelassen sein. Unterschätzen Sie niemals die Kletter- und Grabkünste Ihrer Steppenschildkröten. Diese Tiere werden immer versuchen, sich Höhlen und Gänge zu graben. Hier hat so mancher Schildkrötenhalter Lehrgeld gezahlt, indem er verzweifelt seine entflohene Schildkröte gesucht hat.
Zur Einfriedung eignen sich verschiedene Materialien. Ob hier einfache Holzbretter, Palisaden, Betonelemente oder sehr natürlich wirkende Trockenmauern aus Kalksandsteinen zum Einsatz kommen,

a

bleibt jedem Schildkrötenhalter selbst überlassen. Es sollten solche Materialien gewählt werden, die einerseits stabil sind, andererseits dürfen sich die Schildkröten nicht an ihnen verletzen können. Insbesondere der Panzer der Tiere darf durch scharfkantige Materialien keinen Schaden nehmen.

b

c

Umrandung mit Pflanzsteinen. Diese können gut mit Wildkräutern bepflanzt werden (a). Foto: Stefan Bauer

Eine Sandsteinmauer im Gehege speichert Wärme (b). Foto: Dagmar Lerch

Durch einen Zoograben hat man ungehinderte Sicht ins Schildkrötengehege (c). Foto: Hermann und Iris Jacob

Die Gestaltung und Strukturierung des Geheges ist für das Wohlbefinden von Steppenschildkröten von großer Bedeutung. Sonnen- und Schattenplätze, Unterschlupfmöglichkeiten und Verstecke dienen zum Schutz vor Kälte, Hitze und Nässe. Große Steine speichern die Wärme und dienen als Sichtschutz gegenüber Artgenossen. Wurzeln und winterharte mediterrane Pflanzen geben dem Gehege ein natürliches Aussehen. Diverse Wildkräuter zum Fressen und eine Wasserschale dürfen in keinem Gehege fehlen. Aber bitte bedenken Sie, unsere Pfleglinge kommen aus steppenartigen Gebieten mit einer äußerst kargen Vegetation. Dem sollten wir auch in Freigehegen für Steppenschildkröten Rechnung tragen.

a

b

c

Sonnen- und Schattenplätze sind wichtig für eine artgerechte Haltung (a).

Große Steine speichern Wärme und dienen als Sichtschutz (b).

Versteckmöglichkeiten in Form von halbierten Blumentöpfen eigenen sich hervorragend (c).

Der Boden des Geheges sollte nach einem Regen schnell abtrocknen können. Ist dies nicht der Fall, sollte der Boden mit Sand, Kies oder Schotter nachbearbeitet werden. Auch das Einbringen von Kalksteinen bietet sich an.

Gut strukturiertes Freigehege mit Kalkschotterbereichen, Foto: Thorsten Geier

Das Gehege sollte aber keinesfalls zu einer Sandsteinwüste mutieren, und die Tiere dürfen nicht gezwungen sein, nur auf kleinem relativ spitzen Kalksplitt laufen zu müssen. Manche Schildkrötenhalter haben ihr komplettes Gehege mit Kalksplitt versehen, sodass keine Erde mehr zum Vorschein kommt. Auch in ihrem natürlichen Habitat laufen die Tiere nicht nur über lose aufliegenden Schotter. Sie haben freie Erd- und Sandflächen zur Verfügung, welche mit Steinen durchzogen sind.

In meinem Schildkrötenhaus verzichte ich auf eine Bepflanzung. Entweder wurde sie abgefressen, niedergetrampelt oder untergraben. Bei einer Bepflanzung des Schildkrötenhauses müsste die Erde dauerhaft feuchtgehalten werden, sofern die Pflanzen im Schildkrötenhaus wachsen sollen. Da ich aber die Luftfeuchte und die Bodenfeuchte gering halten möchte, um meinen Steppenschildkröten ein mindestens angenähertes Ursprungsklima zu bieten, verzichte ich auf jegliche Bepflanzung. Ich halte mein Schildkrötenhaus bewusst sehr trocken, um einen Ausgleich zu unserem Klima zu schaffen. Durch unser nasskaltes Klima sind die Tiere bedeutend mehr Feuchtigkeit ausgesetzt als in ihrem natürlichen Lebensraum.

Im Schildkrötenhaus biete ich meinen Tieren diverse Versteckmöglichkeiten (Dachfirstziegel, Korkröhren etc.), Schlafhäuser und natürlich eine Wasserschale an. Mein Steppenschildkrötenhaus hat 18 m^2 Grundfläche und ist in 3 Bereiche aufgeteilt. Den kleinsten Teil bildet mit 2 m^2 Fläche die „Krankenstation". So lässt sich auch mal ein Tier von der Gruppe trennen. Die beiden anderen Bereiche bewohnen meine beiden Steppenschildkrötengruppen.
Beheizt wird das Haus mit einer Wärmepumpe, um die benötigte Umgebungstemperatur zu erreichen. Des Weiteren befinden sich in den Innengehegen diverse Wärmestrahler, unter denen sich die Tiere aufwärmen können. Ende Februar bzw. Anfang März schalte ich tagsüber eine UV-Lampe bei, wenn die Tiere direkt nach der Winterstarre aufgrund zu kalter Außentemperaturen noch nicht ins Freigehege dürfen. In der übrigen Zeit bekommen die Steppenschildkröten durch ihren Freilandaufenthalt ausreichend natürliches Sonnenlicht.
Das Verhalten der Steppenschildkröte ist abhängig von Temperatur- und Lichtverhältnissen. Wenn meine Steppenschildkröten aus der Winterstarre kommen, schalte ich sofort die Heizung und die Wärmelampen ein. Die Bodentemperatur in meinem Schildkrötenhaus beträgt im März tagsüber ca. 20–21 °C, unter den Wärmelampen bis 45 °C. Nachts schalte ich die Heizung aus – so versuche ich, die Temperatur im Herkunftsland in etwa zu simulieren. Ab April erhöhe ich die Umgebungstemperatur tagsüber auf 25 °C.
In den Sommermonaten (Juni, Juli und August) halte ich die Tagestemperatur am Boden des Hauses zwischen 29 und 32 °C. Die Umgebungstemperatur wird immer am Boden auf Schildkrötenhöhe gemessen.

Im Frühjahr (März, April) öffne ich bei sonnigem und warmem Wetter die Eingänge meines Schildkrötenhauses und lasse meine Tiere ins Freigehege. Die Tiere können aber jederzeit ins Schildkrötenhaus

zurückkehren und sich unter den Halogenstrahlern aufwärmen. Sofern keine Sonne mehr scheint, müssen alle Tiere wieder zurück ins Schildkrötenhaus. Notfalls werden die Tiere von mir dorthin zurückgebracht.

Steppenschildkröten beim Verlassen des Schildkrötenhauses

Um diese Jahreszeit ist ein Freilandaufenthalt nur bei sonnigem und trockenem Wetter möglich. Feuchte Witterung vertragen Steppenschildkröten schlecht und bekommen sehr schnell Erkältungskrankheiten.

Wenn man den Tieren kein beheizbares Frühbeet oder Gewächshaus bieten kann, sollte man ihnen in den Übergangszeiten zumindest ein Zimmerterrarium zur Verfügung stellen. Es muss groß genug sein, um diesen lebhaften Schildkröten ein artgerechtes Leben zu ermöglichen. Die vorgeschriebenen Mindestmaße für Terrarienflächen (Bundesministerium für Ernährung, Wirtschaft und Verbraucherschutz, *Gutachten der Sachverständigengruppe über die Mindestanforderungen an die Haltung von Reptilien* vom 10. Januar 1997) sind in meinen Augen bei weitem nicht ausreichend. Kann man den Steppenschildkröten ein gut strukturiertes, großes Gehege, Zimmerterrarium, Frühbeet oder Gewächshaus nicht bieten, sollte man diese Art nicht pflegen, sondern sich für eine vermeintlich einfacher zu haltende Schildkrötenart entscheiden. Allerdings benötigt jede Schildkrötenart ein Mindestmaß an Pflege- und Haltungsaufwand.

Steppenschildkröten kommen mit unseren oft regnerischen Sommern schlecht zurecht. Deshalb muss man, wenn man sich für diese Art entscheidet, dafür Sorge tragen, dass die Tiere insbesondere bei nasskalter Witterung in ihren Übergangsquartieren genügend Platz, Wärme und Licht vorfinden.
Als Übergangsterrarien für Jungtiere können alle Behältnisse verwendet werden, die gut zu reinigen sind und über eine entsprechende Größe verfügen. Die Terrarien sollten nach oben offen sein: So ist ein Luftaustausch möglich und es gibt keine Überhitzung. Bei offenen Terrarien lassen sich auch recht einfach die benötigten Lampen (UV-Strahlung, Wärme, Helligkeit) installieren. Am besten eignet sich als Bodengrund für Zimmerterrarien humose Gartenerde. In frischer Erde sind verschiedene Mineralien und Mikroorganismen enthalten, die die Darmflora der Schildkröten fördern.
Ungeeignete Bodensubstrate sind Buchenholzspäne, Hamsterstreu, Hobelspäne, Katzenstreu, Kies, Sand, Rindenmulch, Korkgranulat und Kunstrasen.

Das Übergangsterrarium sollte ähnlich dem Freigehege angelegt sein. Es lässt sich hervorragend als Landschaft anlegen, mit Hügeln, Wurzeln, Steinen und Ästen. Als Futterplatz kann eine Steinplatte dienen. Diese ist gut zu reinigen und das Futter ist nicht so schnell mit Erde verschmutzt. Verschiedene Pflanzen als Verstecke und Wildkräuter zum Fressen dürfen nicht fehlen. Allerdings sollte hier berücksichtigt werden, dass der Bodenbelag relativ trocken gehalten werden muss, sodass sich die Pflanzen entweder nur an bestimmten Stellen des Terrariums befinden, die feucht gehalten werden, oder aber die Pflanzen in Töpfe gesetzt werden sollten. Auch eine Wasserschale gehört zur Einrichtung des Terrariums. Jetzt fehlt nur noch ein Schlafhaus. Dies kann eine Korkröhre, ein Dachfirstziegel oder eine Höhle sein.

Um Steppenschildkröten erfolgreich halten und vermehren zu können, spielt die Gruppenzusammensetzung eine große Rolle.
Der angebotene Platz ist ein Hauptfaktor. Man muss sich Gedanken machen, wie viele Tiere man höchstens in seinem Gehege halten kann. Es ist entscheidend, ob man überhaupt die Möglichkeit hat, auf die Bedürfnisse der Schildkröten präzise einzugehen.
Das Geschlechterverhältnis ist ein weiterer wichtiger Faktor bei der Haltung von Steppenschildkröten. Männliche Steppenschildkröten sind oft sehr aggressiv, nicht nur untereinander, sondern auch gegenüber weiblichen Tieren, sodass es sich bewährt hat, ein Geschlechterverhältnis von mindestens 1:3 anzustreben: Auf ein männliches Tier sollten also 3 weibliche Tiere kommen. Je mehr weibliche Schildkröten in menschlicher Obhut auf ein männliches Tier treffen, umso besser.
Es ist von Vorteil, wenn man die Möglichkeit hat, sofort eine ganze Steppenschildkrötengruppe anzuschaffen. So brauchen sich die Tiere nur an die neue Umgebung zu gewöhnen und nicht noch an fremde Artgenossen. Komplette Schildkrötengruppen werden allerdings selten zum Erwerb angeboten und haben zudem ihren Preis.
Einfacher ist es, Nachzuchten zu erwerben. Diese werden häufiger angeboten und haben einen geringeren Anschaffungspreis als adulte Tiere, sodass man die Möglichkeit hat, sich mehrere Schildkröten zuzulegen und so eine eigene Schildkrötengruppe zusammenzustellen.
Der Erwerb von Nachzuchten bietet den Vorteil, dass die Tiere zusammen aufwachsen und dass sich so erkennen lässt, welche Tiere miteinander harmonieren. So hält man auch das Risiko gering, sich durch Neuzugänge Krankheiten in den Bestand zu holen.
Leider ist bei Jungtieren das Geschlecht noch nicht zu erkennen und so kann es vorkommen, dass man mehrere männliche Tiere aufzieht. Auch für diesen Fall sollte man sich im Voraus schon Gedanken machen, ob genügend Platz für ein zweites oder drittes Gehege vorhanden ist, um die Tiere gegebenenfalls trennen zu können.

Jungtiere und juvenile Steppenschildkröten lassen sich leichter um-, ein- und aneinander gewöhnen als adulte. Bei adulten Tieren ist die Eingewöhnungszeit sehr viel länger.
Neu hinzukommende Tiere bedeuten für eine bestehende Gruppe enormen Stress. Sie können durch Rang- und Revierstreitigkeiten sehr aggressiv reagieren, vor allem dann, wenn zusätzlich ein ungünstiges Geschlechterverhältnis vorliegt (mehr Männchen als Weibchen).
Aber auch bei einem entsprechend der Art abgestimmten Geschlechterverhältnis kann es möglich sein, dass man zeitweise die Männchen trennen muss.

Männliche Steppenschildkröte im Freigehege, Foto: Thorsten Geier

Es gibt aber auch unverträgliche Weibchen, die ihre „Alphatier"-Position in einer Gruppe sowohl gegenüber den weiblichen als auch den männlichen Schildkröten vehement verteidigen.
Unter Umständen ist es auch möglich, mehrere Männchen mit entsprechend vielen Weibchen in einer Gruppe zu halten. Das geht aber nur, wenn genügend Platz vorhanden ist, das Gehege gut strukturiert ist und wenn die Männchen nicht aggressiv sind. Die Männchen der Steppenschildkröte sind verträglicher, wenn sie zusammen in einer Gruppe aufgewachsen sind. Männliche Steppenschildkröten aus einer Einzelhaltung hingegen sind meist nicht ganzjährig in einer Gruppe zu halten. Solche Tiere muss man zeitweise trennen.

Ich pflege 2 Steppenschildkrötengruppen. Eine Gruppe besteht aus 1 dominanten Männchen und 4 adulten Weibchen. In diese Gruppe kann ich kein weiteres männliches Tier integrieren, auch wenn ich die Anzahl der Weibchen erhöhen würde. Das dominante Steppenschildkrötenmännchen würde seinen Kontrahenten bis aufs Äußerste bekämpfen und verletzen.
Meine 2. Gruppe besteht aus 3 Männchen und 8 adulten und 4 semiadulten Weibchen. Die Gruppe ist sehr stabil, die männlichen Tiere sind nicht übermäßig aggressiv, sodass ich die Gruppe nicht trennen muss. Im Frühjahr (zwischen März und April) legen die Männchen die Rangordnung fest, dabei kommt es kurz zu Machtkämpfen. Ich greife nur ein, wenn sich die Männchen gegenseitig verletzen oder die Weibchen zu sehr bedrängt werden, die Tiere Stress haben oder unterdrückt werden. Dies setzt voraus, dass man Zeit hat, die Tiere genau zu beobachten, um gegebenenfalls eingreifen zu können.

Rangordnungskampf zweier Männchen: Umkreisen, Rammen, Beißen; die meisten Kämpfe finden im Frühjahr statt.

Steppenschildkröten fressen sehr gerne Blüten. Diese sollten aber nur selten gefüttert werden.

Steppenschildkröten sind reine Pflanzenfresser. In der Natur ernähren sie sich von nahezu allen vorhandenen Pflanzen, Gräsern, Blättern, Knospen, Blüten, Wurzeln und auch Samen. Für eine artgerechte Haltung ist die richtige Ernährung unabdingbar. Hier sollte sich jeder verantwortungsbewusste Halter an der Natur orientieren. Bestens geeignet: Wildkräuter, die faserstoffreich und eiweißarm sind.

Junge Steppenschildkröte beim Fressen der Heucops (Firma AGROBS)

Kulturpflanzen wie Salat etc. sollten nur in absoluten Notfällen verfüttert werden, wenn keine Wildkräuter verfügbar sind oder wenn eine Schildkröte z. B durch Krankheit keine Winterstarre halten kann.

Aber selbst im Winter sind in der Regel ausreichend Wildkräuter verfügbar, um eine Schildkröte zu ernähren. Muss man dennoch auf Salat zurückgreifen, sollte dieser mit Heucops (z.B. der Firma AGROBS) oder Heu aufbereitet werden.

Natürliche und jahreszeitliche Ernährung bedeutet, dass den Tieren im Frühjahr junge frische, saftig grüne Pflanzen und Blüten zur Verfügung stehen.

Im Sommer und Herbst sollten ausgewachsene Pflanzen, die langsam in Heu übergehen, Samen, Schoten, Wurzeln und Blüten gereicht werden.

Die beste Ernährung für unsere Landschildkröten sind Wildkräuter, die sie sich selbst im Gehege suchen können. Ein ausgewogenes Kalzium-Phosphor-Verhältnis ist wichtig. Sepia, gemahlene Eierschalen, Schneckenhäuser oder Muschelgrit müssen wegen der Kalkversorgung immer zur freien Aufnahme angeboten werden. Zu jeder Zeit gehört eine Schale mit frischem Wasser ins Freigehege, ins Schildkrötenhaus, Frühbeet oder Gewächshaus.

Gemahlene Eierschalen und Schneckenhäuser werden von Jungtieren sehr gern gefressen.

Steppenschildkröten sind Weidegänger, die sich gerne ihr Futter selbst suchen.

Steppenschildkröten beim Trinken

Diese Steppenschildkröte nagt an einer Sepiaschale. Dieses Zusatzfutter dient als Kalziumlieferant und hilft zusätzlich, die Hornscheiden abzunutzen.

Zusammenstellung einer Futterration: frische Kräuter, Heu, wenige Blüten, Sepia oder Kalzium und Trinkwasser

Brennnessel (Urtica)

Geeignete Futterpflanzen sind: Klette, Beifuß, Malve, Kompasslattich, Taubnessel, Gewöhnliches Ferkelkraut, Habichtskraut, Pippau, Hirtentäschel, Wiesenschaumkraut, Brennnessel, Nachtkerze, Kriechender Hahnenfuß, Fingerkraut, Klatschmohn, Vogelmiere, Labkraut, Löwenzahn, Spitzwegerich, Breitwegerich, Mittlerer Wegerich, Wegwarte, Knoblauchrauke, Rainkohl, Gänsedistel, Klee.

Außerdem nehmen die Tiere Blätter von Laubbäumen, Haselstrauch, Kirsch-, Birnen-, Apfelbaumblätter, Weide- oder Maulbeerbaum zu sich. Hibiskusblätter und -blüten werden sehr gerne gefressen. Getrocknete Wildkräuter und Heucops biete ich meinen Tieren immer an.

Gewöhnliches Ferkelkraut (Hypochaeris radicata)

Mittlerer Wegerich (Plantago media)

Zaunwicke (Vicia sepium)

Taubnessel (Lamium)

Es gibt noch viele weitere Wildkräuterpflanzen, die verfüttert werden können. Ich möchte es bei der Aufzählung zuvor belassen. Hierzu gibt es ausführliche Literatur zur artgerechten Ernährung von Landschildkröten. z. B. MINCH (2008), WEGEHAUPT (2008).

Wiesenknopf (Sanguisorba)

Wilde Malve (Malva sylvestris)

Wiesen-Labkraut (Galium mollugo)

Pippau (Crepis biennis)

Gänsedistel (Sonchus sp.)

Rosenmalve, Sigmarskraut (Malva Icea)

Durch falsche Ernährung werden Landschildkröten früher oder später gesundheitliche Probleme bekommen. Reis, Nudeln oder eingeweichte Brötchen sind keine artgerechte Ernährung und machen die Tiere krank! Absolut ungeeignet sind zudem Obst und Gemüse, Hunde- oder Katzenfutter, gekochte Kartoffeln und Getreide.
Falsche Ernährung durch Obst, Gemüse und nicht artgerechtes Futter bewirkt, dass die Darmflora der Schildkröte aus dem Gleichgewicht gerät. Die Folge ist schmieriger und weicher Kot, zu schnelles Wachstum (sogenannte Dampfaufzucht). Längerfristig kommt es zu Nieren- und Lebererkrankungen (Gicht und Fettleber).

Es kommt vor, dass Schildkröten Regenwürmer, Schnecken oder Aas in der Natur finden und fressen. Dies ist zufällig und sollte kein Grund sein, dauerhaft tierisches Eiweiß zu verfüttern.
Wenn die Tiere in meinen Gehegen tierische Kost finden, dürfen sie sie auch fressen. In der Regel beuge ich dem aber vor, indem z. B. in feuchten Sommern die Nacktschnecken in den Gehegen abgesammelt werden.

Futterpflanzen im Habitat

In verschiedenen herpetologischen Feldstudien und in der Literatur wurden die nachfolgenden, in Steppenschildkrötenhabitaten vorkommenden Pflanzen beschrieben. Viele dieser Pflanzen gibt es auch bei uns.

Amudarya-Fluss, Kyzylkum-Wüste (Kuzmin 2002)

Genannt wurden 84 Nahrungsmittelpflanzenarten aus 27 Familien (Mambetzhumaev 1972). Als Nahrung bevorzugt werden Pflanzen der nachfolgenden Gattungen:
Cruciferae sp. (Kreuzblütengewächs), *Malcolmia sp.* (Meerviole), *Leguminosae sp.* (Hülsenfrüchtler), *Astragalus contortuplicatus* (Tragant),

Glycyrrhiza glabra (Süßholz, Lakritz), *Alhagi persarum* oder *A. pseudoalbagi* (entspricht der Platterbse, persische Platterbse) *Compositae* (Korbblütlengewächse), *Taraxacum bicorne* (russischer Kautschuklöwenzahn), *Taraxacum comitans* (Löwenzahn). Außerdem fressen die Tiere in ihren Ursprungsländern häufig 15 andere Arten von Pflanzen:
Gramineae (Süßgräser), *Phragmites communis* (Schilfrohr), *Aeluropus sp.* (Gräser), *Salicaceae* (Weidengewächse), *Populus pruinosa* (Pappeln), *Chenopodiaceae* (Fuchsschwanzgewächse), *Capparidaceae* (Kaperngewächse), *Capparis spinosa* (Echter Kapernstrauch), *Tamaricaceae* (Tamariskengewächse), *Convolvulaceae* (Windengewächse), *Convolvulus arvensis* (Ackerwinde), *Orobanchaceae sp.* (Sommerwurzgewächse), *Compositae sp.* (Asterngewächse), *Erigeron canadensis* (Kanadisches Berufskraut), *Lactuca tatarica* (Tatarenlattich), Blüten und Früchte von *Ferula foetida* (Fenchel).

Tadschikistan (Said Aliev 1979)

Eremurus suworowii (Steppenkerze), *Cousinia polycephala* (Distel), *Taraxacum sp.* (Löwenzahn), *Astragalus compylatrychus* (Tragant), *Bromus sp.* (Trespe, Süßgräser), *Torilis leptophyllus* (Kerbel), *Crepis sibirica* (Sibirischer Pippau).

Ein ähnliches Futterangebot findet sich in ***Usbekistan (Bogdanov 1960).***

Wüste von Turkmenistan (Shammakov 1981)

Astragalus paucijugnus (Tragant), *Convolvulus arvensis* (Ackerwinde), *Dodartia sp.* (Gauklerblumengewächs), *Iris kopetdaghensis* (gelbe Iris), *Bromus tectorum* (Trespe), *Leontice sp.* (Löwentrapp), *Allium sabulosum* (Lauchart), *Medicago sativa* (Luzerne),

Papaver pavoninum (roter Mohn), *Scorzonera pusilla* (Schwarzwurzel), *Tulipa sp.* (Tulpen).

Khoshyeilagh-Wildschutzgebiet (Kami 1999)

Artemisia sieberi (Beifuß), *Ephedra procera* (Meerträubel), *Hypocylix sp.* (Salzgewächs), *Atraphaxis spinosa* (dorniger Bockknöterich), *Pteropyrum sp.* (Knöterichgewächs), *Scariola orientalis* (Orientalischer Gartenlattich), *Peganum hermala* (Steppenraute), *Bromus tectorum* (Trespe), *Iris songarica* (violette Iris), *Convolvolus liciodes* (Winde), *Carex stenophylla* (Seggen), *Holosteum umbellatum* (Dolden-Spure), *Astragalus gossypinus* (Tragant), *Ceratocephalus sp.* (Hahnenfußgewächs), *Alhaji persarum* (pers. Platterbse), *Perovskia sp.* (Blauraute), *Verbascum sp.* (Königskerzen), *Carthamus sp.* (Färberdisteln), *Stipa sp.* (Federgräßer), *Alyssum sp.* (Steinkraut), *Zygophyllum sp.* (Jochblatt), *Acantholimon sp.* (Stechnelken), *Euphorbia sp.* (Wolfsmilch), *Orobanche sp.* (Sommerwurze), *Silene sp.* (Leinkraut), *Eryngium sp.* (Mannstreu).

Saxaul (Haloxylon) ein sehr häufig vorkommender Stauch der ariden Steppen und Wüsten in Zentralasien.
Foto: © Maxim Petrichuk-Fotolia.com

Das Futterangebot ist im Frühjahr in Afghanistan sehr reichhaltig. Foto: Michael Bertram

Unmittelbar nach Beendigung der Winterstarre beginnt die Paarungszeit der Tiere.

Der Paarungstrieb ist bei männlichen Steppenschildkröten sehr stark ausgeprägt. Oft haben die Männchen nach der Winterstarre noch kein Futter zu sich genommen und beginnen schon mit der Balz, sobald sie ein Weibchen sehen oder riechen.

Das Männchen bedrängt das Weibchen, um es zur Paarung zu bewegen.

Die Männchen rammen mit ihrem Panzer die weiblichen Tiere. Bleibt das Weibchen stehen, rennt das Männchen zur Vorderseite und beißt es in den Vorderrand des Panzers, in den Kopf und in die Beine. Hierbei macht das Männchen heftig nickende Bewegungen mit dem Kopf, um das Weibchen einzuschüchtern. Es ist häufig zu beobachten, dass das Männchen das Weibchen direkt anschaut, also den Augenkontakt sucht. Sehr oft drehen sich dabei die Weibchen um ihre eigene Achse. Das Männchen versucht nun aufzureiten. Ist das Weibchen noch nicht paarungsbereit, fängt das männliche Tier wieder an zu rammen, zu beißen und heftig mit dem Kopf zu nicken.

Während der Paarung steht das Männchen senkrecht auf den Hinterbeinen. Den Kopf mit geöffnetem Maul weit nach vorne gestreckt, gibt es quiekende, gut hörbare Laute von sich.

Wenn die Weibchen nicht zur Paarung bereit sind, entziehen sie sich durch Flucht. Es ist somit unumgänglich, den Tieren ein großes, gut strukturiertes Gehege zu bieten, damit sich die Weibchen vor den Männchen verstecken können und nicht zu häufig bedrängt werden. Männliche Steppenschildkröten können sehr aggressiv sein, rammen und beißen die Weibchen aufs heftigste. Die Weibchen tragen häufig blutende Wunden davon.
Aus diesem Grund ist es wichtig, große Gehege zu besitzen, die notfalls auch abgetrennt werden können, und eine Sozialstruktur zu schaffen, die es jedem Tier erlaubt, sich zu erholen.
Nicht nur Weibchen erleiden Stress, wenn sie zu häufig bedrängt werden, auch männliche Tiere müssen zur Ruhe kommen können.

Das Werberitual der Steppenschildkröten ist sehr aggressiv.

9. Eiablage

Die Trächtigkeit eines Tieres lässt sich meist erst in ihrer letzten Phase am Verhalten des Weibchens erahnen. Eine bevorstehende Eiablage kündigt sich oft durch Unruhe des Weibchens an. Es läuft auf der Suche nach einem geeigneten Eiablageplatz aufgeregt im gesamten Gehege umher.

Geeignete Eiablageplätze werden mithilfe von Probegrabungen, aber auch durch Beriechen ausfindig gemacht.

Gerade Steppenschildkröten nehmen in der Regel nicht die von vielen Haltern hergerichteten Eiablageplätze an. Ein Steppenschildkrötenweibchen wird immer versuchen, einen besseren Platz für seine Eiablage zu finden. Trotzdem empfehle ich immer das Herrichten und Vorhandensein eines großen Eiablagehügels, vielleicht haben Sie genau die Stelle erwischt, die Ihrem Tier zur Eiablage zusagt.

Findet eine Steppenschildkröte keinen geeigneten Eiablageplatz, werden die Eier von ihr zurückgehalten und nicht gelegt. Dies kann zu einer abnormen Beschalung der Eier führen (sehr dicke oder mehrfach beschalte Eier). Eine erfolgreiche Zeitigung (Bebrütung) dieser Eier ist nach der (verschobenen) Eiablage in der Regel nicht zu erwarten. Andererseits kann sich ein akuter Kalkmangel des Steppenschildkrötenweibchens negativ auf die Beschalung der Eier auswirken. Die Eischale ist dann dünn und zerbrechlich; solche Eier werden oft schon bei der Eiablage zerstört.

Sobald das Weibchen spürt, dass die Eiablage kurz bevorsteht, streift es umher und prüft, ob Temperatur und Feuchtigkeit des von ihm auserkorenen Platzes einwandfrei sind. Dazu beriecht es genau den Boden. Oft wird eine kleine Kuhle ausgehoben und mit Bauchpanzer und Nase immer wieder die Temperatur und Feuchtigkeit geprüft. Das kann sich über Tage hinziehen. In dieser Zeit ist das Weibchen oft unverträglich gegen seine Artgenossen. Es rammt, beißt und besteigt andere Schildkröten und kann sich plötzlich wie ein Männchen verhalten. Die Steppenschildkröte frisst in dieser Zeit sehr viel Sepia, andere Nahrung nimmt sie weniger oder gar nicht zu sich.

Mehrfach beschaltes Ei

Zu dünn beschaltes Ei, durch akuten Kalkmangel.
Fotos: Dagmar Lerch

Die Weibchen der Steppenschildkröten legen ihre Eier fast immer geschützt ab; unter Grasbüscheln, Steinen oder niedrigen Pflanzenstauden, unter denen sie zunächst eine Höhle graben.

Hat das Weibchen den für seine Eiablage richtigen Platz gefunden, fängt es an, die Grube auszuheben. Manche Weibchen graben zuerst mit den Vorderfüßen eine Kuhle, bevor sie sich dann drehen und mit den Hinterbeinen die eigentliche Grube ausheben. Andere Tiere graben gleich mit den Hinterbeinen die Grube. Diese hat die Form einer Birne und ist je nach Größe des Weibchens 8–12 cm tief. Die Grube wird sehr sorgfältig angelegt und ist erst fertig, wenn das Weibchen mit den Krallen den Grubenboden nicht mehr erreichen kann. Die Schildkröte verwendet ihre Fußsohlen mit den Krallen wie Schaufeln und schaufelt die Erde seitwärts aus der Grube, abwechselnd mit beiden Hinterbeinen. Falls das Weibchen auf große Steine oder Wurzeln trifft, bricht es den Grabevorgang ab und sucht sich eine neue Stelle. Ist alles zu seiner Zufriedenheit, beginnt die Eiablage.

Wenn der richtige Platz für die Eiablage gefunden wurde, werden die Eier sorgfältig abgelegt.

Das Weibchen fängt an zu pressen, dabei zieht es Kopf und Vorderbeine an. Der Schwanz wird dicker und die Kloake weitet sich. Oft sieht man auch etwas Schleim austreten. Das Pressen und Drücken erfolgt so lange, bis das Ei aus der Kloake austritt. Mit ihren Hinterfüßen fängt die Steppenschildkröte das Ei geschickt auf und platziert es in der Grube. Manchmal wird das Ei in der Grube hin und her geschoben, bis der richtige Platz gefunden wurde. Nach einer kurzen Pause tritt das nächste Ei aus der Kloake. Zwischendurch prüft die Schildkröte immer wieder den richtigen Platz der Eier in der Grube. Sie platziert auch etwas Erde um die Eier in die Grube, um diesen einen besseren Halt zu geben. Jetzt folgt eine kurze Pause, bis das nächste Ei austritt. Sind alle Eier abgelegt, wird die Grube verschlossen, indem das Weibchen abwechselnd mit beiden Beinen Erde in die Grube schiebt. Dies geschieht genauso sorgfältig wie das Ausheben der Grube. Zum Schluss glättet die Schildkröte ihre Eiablagestelle mit dem

Die Eier werden geschickt mit den Hinterbeinen in die Grube platziert.

Sehr sorgfätig wird die Grube verschlossen und mit dem Bauchpanzer geglättet.

Bauchpanzer. Sehr oft erhält das Gelege noch eine Tarnung, indem Pflanzenteile darauf verteilt werden. Die Eiablage hat das Tier sehr viel Kraft gekostet. Seine Beine zittern und es entfernt sich langsam vom Eiablageplatz. Hat man die Eiablage nicht beobachtet, sind in der Regel die Gelege nicht wieder aufzufinden.

Das Ausgraben der Eier muss vorsichtig erfolgen, um eine Beschädigung zu vermeiden.

Ganz selten konnte ich eine ungeschützte Eiablage beobachten. In meinen Gehegen werden die von mir errichteten Eiablagehügel nicht angenommen. Meine Tiere legen ihre Eier im Halbschatten ab, sodass das Gelege die Morgensonne abbekommt, aber mittags im Schatten liegt.
Die Gelege können aus 2 bis 7 Eiern bestehen. Die Weibchen setzen 1–3 Gelege pro Jahr ab, in manchen Jahren auch 4.

Die erste Eiablage meiner Steppenschildkrötenweibchen findet 6 bis 8 Wochen nach Beendigung der Winterstarre statt; zwischen Mitte April und Anfang Mai. Weibchen, die Mitte April ihr erstes Gelege absetzen, legen dreimal. Weibchen, die im Mai ihr 1. Gelege absetzen, produzieren im gleichen Jahr nur 2 Gelege. Ich habe auch Weibchen mit jährlich nur einem einzigen Gelege. Mitte Juni ist die Eiablage bei meinen Tieren zu Ende.
Die Eier haben eine ovale Form und variieren in Größe und Gewicht: Sie sind 16–26 g schwer und haben eine Größe von 4,1–5,1 cm x 2,7–3,1 cm, je nach Größe und Alter der Weibchen.

Wie ich beobachten konnte, finden die Eiablagen meiner Steppenschildkröten immer um die Mittagszeit oder am Nachmittag statt. Die gesamte Eiablage mit Ausheben der Grube, Auspressen der Eier und Verschließen der Grube dauert unterschiedlich lange. Ältere, erfahrene Weibchen brauchen meist nur 1,0–1,5 Stunden, junge und unerfahrene Weibchen können bis zu 3 Stunden benötigen. Während der Eiablagezeit sollte man seine Weibchen genau beobachten. Aber bitte bedrängen Sie keinesfalls Ihr Tier. Beobachten Sie die Schildkröte aus einiger Entfernung und sorgen Sie für die notwendige Ruhe, notfalls, indem Sie aufdringliche Artgenossen aus dem Gehege vorübergehend entfernen.

Steppenschildkröten legen ihre Eier gerne geschützt ab.

Ein verändertes Verhalten Ihrer Schildkröte könnte auf eine Legenot hindeuten. Wenn Sie den Verdacht haben, bei Ihrer Schildkröte könnte eine Legenot vorliegen, die Schildkröte ihre Eier also nicht ablegen kann, suchen Sie sofort einen Tierarzt auf. Er wird das Tier röntgen und entscheiden, wie weiter vorgegangen werden muss.

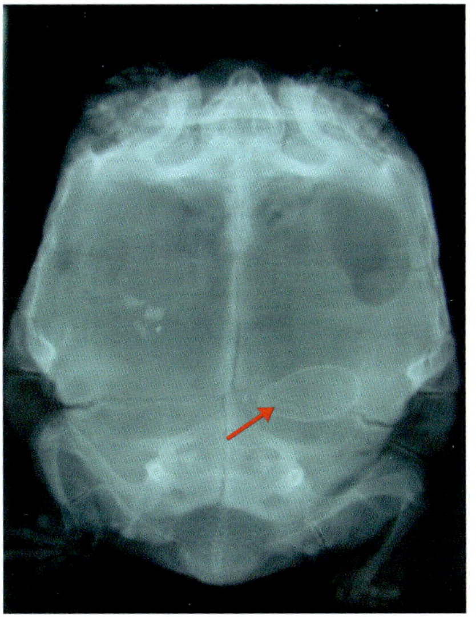

Das Röntgenbild zeigt eine Legenot. Ein mehrfach beschaltes und deformiertes Ei ist erkennbar.

Abnorm großes Steppenschildkrötenei

Das Ei wird im Körper gebildet und nach einer Trächtigkeitszeit von wenigen Wochen abgelegt. Die weitere Entwicklung des Embryos im Ei vollzieht sich während der Bebrütung der Eier (KÖHLER 1997).

Die Eischale besteht aus 2 Schichten, einer äußeren mineralischen Schicht, hauptsächlich aus Kalziumkarbonat (KÖLLE 2009) gebildet, und einer inneren proteinhaltigen Faserschicht, der Eimembran. Die Schale schützt das Ei, gibt ihm Form und Stabilität und schützt den Inhalt vor mechanischen und mikrobiellen Einflüssen. Die Eischale ist über ihre Poren am Wasser- und Gasaustausch beteiligt, sie dient als Mineralstoffvorrat (Kalzium) für den Embryo. Schildkröteneier haben einen hohen Anteil an Dotter. In den Eiern ist mehr Dotter enthalten, als der Embryo benötigt. Der überschüssige Dotter wird im Körper eingelagert und dient später dem Schlüpfling als Energiereserve. Der Dotter wird vom Eiklar umgeben, einer äußeren dünnflüssigen und einer mittleren zähflüssigen Schicht sowie einer inneren dünnflüssigen Schicht. Das Eiklar dient als Wasserreservoir (98 % Wassergehalt).

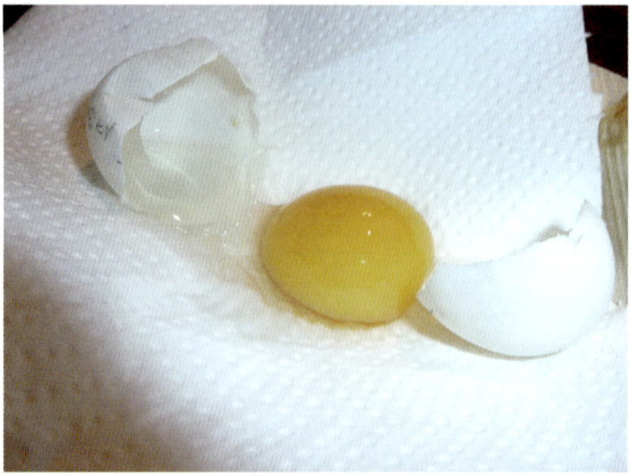

Schildkröteneier haben einen großen Dotter.
Foto: Claudia Schürch-Bischoff

Bei frisch gelegten Schildkröteneiern ist die Farbe der Eischale gelblich bis rosaweiß. Die Farbe der Eischale ändert sich im Laufe der Entwicklung zu einem kalkigen Weiß (porzellanfarben).

Schildkröteneier sind in bestimmten Entwicklungsphasen sehr empfindlich gegenüber Drehungen, da der Dotter nach der Eiablage nach unten sinkt und der Embryo an der Oberseite des Eies festwächst. Movchan (1964, 1966, 1977) fand bei Untersuchungen an Eiern der Steppenschildkröten heraus, dass das Eiklar befruchteter und unbefruchteter Eier anscheinend antibiotische Fähigkeiten besitzt, welche Schimmelpilze der Arten *Aspergillus fumigatus, Aspergillus niger, Penicillium granulatum,* Bakterien der Arten *Micrococcus lysodeikticus, Sarcina urea, Sarcina lutea, Mycobacterium album,* negative Zellen von *Bacillus mesentericus, Bacillus megatherium, Bacillus subtilis,* bakterienartige Organismen von *Actinomyces albus, Actinomyces griseus, Actinomyces lavendulae, Actinomyces violaceus, Streptomyces citreus* und aus der Erde des tadschikischen Habitats isolierte und *Actinomyces*-Arten abtötet. Als resistent erwiesen sich die Bakterien *Bacillus neapolitanum, Bacterium proteus, Pseudomonas fluorescens, Pseudomonas pyocyanea, Salmonella pullorum* und Hefepilze der Arten *Torula utilis* sowie der Gattung *Rodoterula.* Die größte pilzabtötende Wirkung frisch abgelegter Eier befindet sich mehr in der Ei-Mitte in Richtung des Eiklars. 8 Tage nach Eiablage bis zum Schlupf befindet sich die pilzabtötende Wirkung mehr in Richtung der Eischale.

Da in unseren Breiten aufgrund der niedrigen Temperaturen und der Feuchtigkeit im Freiland die Eier von *Agrionemys horsfieldii* sich meist nicht entwickeln oder absterben, sollte man die Eier in einen Inkubator (Brutkasten) überführen.

Bevor ich die Eier in den Brüter lege, reinige ich sie mit einem weichen Tuch vom gröbsten Schmutz. Die Eier werden an der Oberseite mit einem weichen Bleistift markiert. Dies soll ein versehentliches Drehen der Eier verhindern (bei der Kontrolle oder beim Durchleuchten der Eier). Der Anfangsbuchstabe des Namens des Weibchens sowie Datum und Gewicht werden vorsichtig auf dem Ei vermerkt, damit der spätere Schlüpfling dem Muttertier zugeordnet werden kann. Außerdem ist so eine Kontrolle der Bebrütungsdauer beim Blick in den Brüter möglich.

Der Unterschied zwischen verdorbenen und sich entwickelnden Eiern ist erkennbar. Inkubator mit der Bezeichnung FB50 der Firma JÄGER und PFROMMER

Zum Inkubieren eignen sich verschiedene Materialien, z. B. Vermiculite, Perlite, Pflanzgranulat, Gartenerde oder Sand. *Horsfieldii*-Eier können bei 29 bis 33 °C und einer Luftfeuchte von 40 bis 70 % inkubiert werden.

Ich bebrüte die Schildkröteneier in vollkommen trockenem Substrat (Vermiculite) bei 33 °C und einer Luftfeuchte von 40 bis 50 %. Um diese Luftfeuchtigkeit zu erreichen, stelle ich eine Schale mit Wasser in den Brüter. Seit ich die Eier nach dieser Methode bebrüte, habe ich nur noch sehr selten eine Panzeranomalie bei meinen Schildkröten feststellen können. Auch ging das Absterben der Embryonen so auf nahe null.

Die Inkubationszeit ist abhängig von der Temperatur im Brüter. Jungtiere schlüpfen zwischen dem 62. und 110. Tag, meist innerhalb weniger Tage.

Zwei Steppenschildkröten beim Schlupfvorgang

Jungtier liegt verkehrt im Ei.

Es gibt aber auch Ausnahmen. Manche Eier aus dem gleichen Gelege können sich recht unterschiedlich entwickeln, sodass zwischen dem ersten und letzten Tier eines Geleges schon ein Schlupfunterschied von 40 Tagen zu verzeichnen war. Daher sollte man Geduld haben und abwarten. Schlupfhilfe sollte man nicht leisten, indem der neugierige Halter die Eier nach vermeintlichem Schlupftermin frühzeitig öffnet. Meist sind die Jungtiere noch nicht fertig entwickelt und sterben durch unsere Schlupfhilfe ab. Damit haben wir das Gegenteil von dem erreicht, was wir eigentlich wollen. Allenfalls sollte man einem Tier helfen, wenn man sieht, dass es im schon geöffneten Ei verkehrt herum, also mit dem Rücken nach unten, liegt.

Kontrolle der Eier

Die Eier bzw. vor allem die Bebrütungstemperatur sollten ca. 1-2 Mal wöchentlich kontrolliert werden. Zu häufiges Öffnen des Brüters kann sich jedoch wegen Temperaturschwankungen nachteilig auswirken. Temperatur und Luftfeuchte können mit einem digitalen, fernfühlenden Thermometer bzw. Hygrometer kontrolliert werden, sodass der Brüter hierbei nicht geöffnet werden muss.

Das Durchleuchten mit einer Lichtquelle, bei dem man die Blutgefäße eines Embryos sieht, ist eine Möglichkeit, sich entwickelnde Eier von abgestorbenen oder unbefruchteten zu unterscheiden. Dies ist keinesfalls aber eine sichere Methode. Der Züchter braucht einiges an Erfahrung und Übung, um eine Fehlentwicklung im Ei erkennen zu können. Aber auch dann kann man sich täuschen und versehentlich befruchtete und sich entwickelnde Eier aus dem Brutkasten zerstören. Beim Kontrollieren sollte man auf Eier achten, die sich ins Dunkle verfärben. Eier, die schimmelig werden oder anfangen zu stinken, müssen sofort entfernt werden.

Unbefruchtetes Ei (a)

Befruchtetes Ei (b)

Erste Blutgefäße sind zu sehen (c).

Kurz vor dem Schlupf (d)

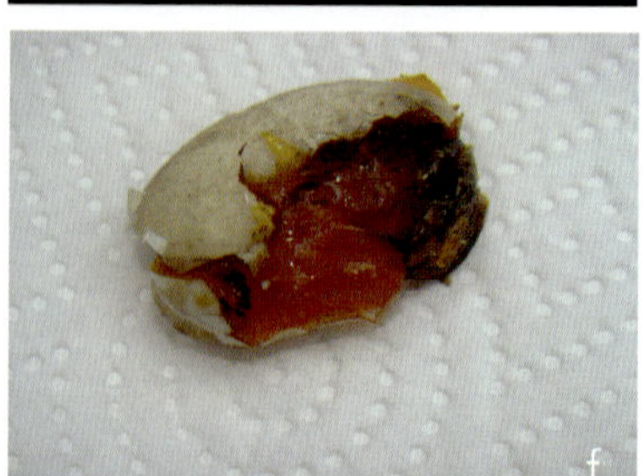

Verdorbenes Ei (e)

Ausgetrocknetes Ei (f)

Das befruchtete Ei

Befruchtete Eier zeigen nach 1 bis 7 Tagen einen weißen Fleck an der Ei-Oberseite, die sogenannte Bande, in Form einer hellen „Bauchbinde", die das befruchtete Ei innerhalb weniger Tage umzieht. Befruchtete Eier sind kalkweiß und bleiben schwer. Nicht befruchtete Eier verfärben sich nach einigen Wochen dunkler und werden leichter. Die Keimscheibe wandert wenige Stunden nach Eiablage an die Oberseite des Eies. Hier entwickelt sich dann durch Zellteilung und -differenzierung der eigentliche Embryo. Bei Lageveränderung des Eies stirbt der Embryo in den meisten Fällen ab.

Das Absterben des Embryos kann viele Ursachen haben. Der Schlupf gesunder Jungtiere ist nicht nur von einer fachgerechten Inkubation abhängig, sondern auch von der Qualität der Eier. Eine Unterversorgung des Muttertieres mit Mineralstoffen, Spurenelementen und Vitaminen kann für das Absterben von Embryonen im Ei verantwortlich sein.
Die Bebrütungstemperatur könnte jedoch auch zu hoch oder zu niedrig gewesen sein.
Eine weitere Ursache ist in der Feuchtigkeit zu finden. Die Substratfeuchte und die Luftfeuchte könnten zu hoch gewesen sein. Bei zu feuchtem Substrat verkleben die Poren der Eischale, dies führt zu einer Sauerstoffundurchlässigkeit und somit zum Absterben des Embryos.
Auch eine zu geringe Feuchtigkeit kann zum Absterben durch Austrocknung führen.

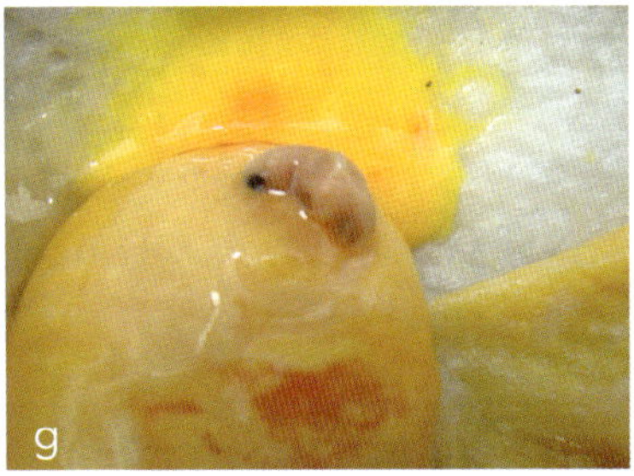

Abgestorbener Embryo (g)

Abgestorbenes Jungtier mit schwerer Anomalie (h)

Zu hohe Temperaturen führen häufig zu Panzeranomalien, wobei diese bei Steppenschildkröten seltener sind als bei Europäischen Landschildkröten. Die Anomalie tritt meist am Rand-, Rippen- oder Wirbelschild auf.

Jungtier mit leichten Anomalien, asymmetrische Wirbelschilde und ein zusätzliches Rippenschild

Jungtier mit einem zusätzlichen Randschild

Jungtier mit schwerer Anomalie: vordere Randschilde und Nackenschild nach innen gebogen, schiefe Kopfhaltung durch Wirbelsäulenkrümmung

Jungtier mit Unterbiss

Befruchtungsrate und Gelegegröße

Die Befruchtungsrate und die Gelegegröße sind bei meinen Weibchen sehr unterschiedlich. Von meinen 12 eierlegenden Weibchen legen 9 Tiere jedes Jahr dreimal, 2 Weibchen haben immer 2 Gelege und ein Tier legt nur ein einziges Gelege ab.

Die Anzahl der Eier eines Gelege variiert sehr stark. Die meisten meiner

Weibchen legen im Erst- und Zweitgelege je 4 Eier, im 3. Gelege nur noch etwa 3 Eier. 2 Weibchen legen jedes Jahr 3 Gelege mit je 5 Eiern ab. Ein Weibchen legt immer nur 1 Mal pro Saison 2 Eier ab.
In den ersten Gelegen liegt die Befruchtungsrate bei 100 %. Beim 2. Gelege sinkt die Befruchtungsrate auf 90 % und im 3. Gelege auf 60 %. Bei den befruchtenden Eiern liegt die Schlupfrate bei zwischen 80 und 100 %. Bei den Drittgelegen kommt es häufig vor, dass die Eier nicht befruchtet sind oder während der Inkubationszeit absterben. Meist sind diese Jungtiere auch kleiner, und einige der Jungtiere dieser Drittgelege hatten Wachstumsschwierigkeiten.
Dies ist für mich ein Grund, Drittgelege nicht mehr auszubrüten.

Meine Inkubationserfahrungen

Meine ersten Schildkröteneier inkubierte ich bei einer Temperatur von 31,5 °C und einer Luftfeuchte von 70 %. Aus diesen 11 Eiern schlüpften nach 84 Tagen 9 Jungtiere ohne Panzeranomalien.
In den darauf folgenden Jahren erhöhte ich die Temperatur im Brüter. Von diesen Jungtieren habe ich immer 2 Gelege behalten, um nach einigen Jahren das Geschlechterverhältnis in Abhängigkeit zu den Bruttemperaturen zu erfahren. Die anderen Jungtiere wurden an neue Halter abgegeben. Bei einer Bebrütungstemperatur von 32 °C war das Geschlechterverhältnis immer noch zugunsten der Männchen verschoben, ohne Panzeranomalien.
Bei einer Bebrütungstemperatur von 32,5 °C und einer Luftfeuchte von 70 % war das Geschlechterverhältnis ausgeglichen, aber 2 Jungtiere wiesen Anomalien auf. Ein Schlüpfling hatte 1 Wirbelschild mehr, der andere 1 weiteres Randschild.
Im Jahr darauf bebrütete ich die Hälfte der Eier bei einer Temperatur von 33 °C und einer Luftfeuchte von 70 %, die andere Hälfte bebrütete ich bei ebenfalls 33 °C, allerdings mit einer Luftfeuchte von 50 %. Interessant war, dass bei denjenigen Schlüpflingen, die bei

einer Luftfeuchte von 70 % bebrütet worden waren, wieder Panzeranomalien auftraten, während bei den Schlüpflingen, die mit einer niedrigeren Luftfeuchte bebrütet wurden, keine Panzeranomalien auftraten. Das Geschlechterverhältnis lag jetzt zugunsten der Weibchen. Von 10 Jungtieren erwiesen sich 8 als weibliche und 2 als männliche Tiere.
Danach bebrütete ich die Eier bei einer Temperatur von 33,5 °C und einer Luftfeuchte von 50 %. Wieder war der Anteil an Tieren mit Anomalien gering, nur 1 Jungtier schlüpfte mit einem weiteren Wirbelschild. Bei der gleichen Temperatur und 70 % Luftfeuchte schlüpften 2 Jungtiere mit einer leichten Anomalie und 1 Tier mit einer Wirbelsäulenverkrümmung, schiefer Kopfhaltung und einem nicht ausgebildeten Auge. Das Geschlechterverhältnis hat sich bei dieser Temperatur nicht verändert. Von 10 Jungtieren, die ich behalten habe, entwickelten sich wieder 8 weibliche und 2 männliche Schildkröten.
Die Anzahl der Anomalien bezieht sich auf alle Eier, die ich bei der genannten Temperatur von 33,5 °C zeitigte.

In einem dieser Jahre war einer meiner Brüter defekt. Darin lagen 32 Eier, davon 15 Eier ca. 6 Wochen, 12 Eier ca. 4 Wochen und 5 Eier 2 Wochen. Als ich nach 2 Wochen die Eier kontrollieren wollte, stellte ich fest, dass die Temperatur 43 °C betrug. Wie lange diese Temperatur im Brüter herrschte, kann ich nicht sagen. Es können 14 Tage, aber auch nur wenige Tage gewesen sein. Es schlüpften insgesamt nur 3 Jungtiere aus den am längsten im Brüter gelegenen Eiern, 12 der Jungtiere waren abgestorben, mit deutlichen Anomalien, wie z. B. fehlende Anlagen für die Augen. Alle anderen waren entweder im Frühstadium abgestorben oder hatten sich nicht entwickelt.

Im vergangenen Jahr habe ich kein Gelege bebrüten wollen. Eines meiner Weibchen legte am 2. Mai an einer sehr warmen und trockenen Stelle im Garten ein Gelege ab. Ich habe die Eier dort belassen und nicht ausgegraben. Alle anderen Gelege meiner Weibchen habe ich entsorgt. Ende Juni hatten wir regnerisches und kühles Wetter (Temperaturen nur um 22 °C). Ich entschloss mich, das Gelege nun doch auszugraben und probehalber im Schildkrötenhaus wieder einzugraben. Das Gelege bestand aus 3 Eiern. Im Schildkrötenhaus herrschten je nach Wetterlage Temperaturen zwischen 30 °C und 42 °C tagsüber, nachts gingen die Temperaturen auf 22 bis 20 °C zurück. Ich verzichtete auf ein Durchleuchten der Eier und vergrub sie einfach im Schildkrötenhaus. Als im September die Temperaturen wieder kühler wurden (da ich für meine Tiere jetzt nur noch die Wärmelampen einschalte, erwärmt sich der Boden nicht mehr so sehr), grub ich die Eier wieder aus, da ich davon ausging, dass, wenn eine Entwicklung im Ei stattgefunden hatte, diese nunmehr unterbrochen wäre. Die ausgegrabenen Eier legte ich in den Brüter, allerdings durchleuchtete ich jetzt die Eier. 2 Eier konnten nicht mehr durchleuchtet werden, sie waren dunkel. Das andere Ei sah unbefruchtet aus. Am 29. September und am 3. Oktober schlüpften 2 Jungtiere. Beide Jungtiere wiesen Panzeranomalien auf und waren sehr intensiv gefärbt. Das Schlupfgewicht betrug 12 bzw. 12,5 g. Bis jetzt entwickeln sich die Jungtiere sehr gut und zeigen keinerlei Auffälligkeiten. Ich bin sehr gespannt, welches Geschlecht die beiden haben, werde mich hier aber noch ein paar Jahre gedulden müssen.

Sehr intensiv gefärbte Schlüpflinge mit Panzeranomalien

Die Krönung der Steppenschildkrötenhaltung ist der Schlupf der eigenen Jungtiere.

Der Schlupf einer kleinen Steppenschildkröte kann sich über Stunden oder Tage hinziehen. Die Jungtiere liegen quer im Ei. Zuerst ist an der Breitseite des Eies nur ein kleiner Riss sichtbar, nachdem der Schlüpfling mit der Eischwiele am Oberkiefer die Eihaut angeritzt hat.
Meist ruht der Schlüpfling dann eine zeitlang. Danach bricht das Jungtier mit Eischwiele und Vorderfüßen ein größeres Loch ins Ei. Jetzt ist meist der Kopf und ein Vorderbein zu sehen.
Durch das Strecken und Drehen des Schlüpflings bricht dann das Ei auf. Oft wird jetzt wieder eine Ruhepause von 1 Stunde bis zu 1 Tag

eingelegt. In dieser Zeit zieht der Schlüpfling den Restdottersack in den Bauchpanzer ein.
Wenn die Eier offen im Brüter liegen, ist der Zeitpunkt gekommen, den Schlüpfling in einen anderen Brüter umzubetten. Dies ist erforderlich, da es sonst passieren kann, dass die schlüpfende Schildkröte durch ihre Bewegungen andere Eier verschiebt. Ein Drehen der Eier sollte auf jeden Fall vermieden werden, da es dann zum Absterben von noch nicht geschlüpften Tieren kommen kann.

Schlupf der Steppenschildkröten

Da ich über ein geräumiges und warmes Schildkrötenhaus verfüge, verbringe ich die fast geschlüpften Jungtiere in mein Schildkrötenhaus, in dem sie in Ruhe schlüpfen können.

Häufig erlebe ich, dass ein Schlüpfling im Ei schon frisst. Daher biete ich den Jungtieren sofort Futter an.

Fressende Schlüpflinge im Ei

Sobald der Dottersack ganz eingezogen und die Mittelnaht geschlossen ist, bade ich die Schlüpflinge und bringe sie sofort in ihr Jungtiergehege.

Innerhalb weniger Stunden, manchmal dauert es auch ein paar Tage, streckt sich der Panzer der kleinen Schildkröte. Der Panzer fühlt sich nach dem Schlupf noch weich-elastisch und verformbar an, ist aber schon fest in der Form. Der Rückenpanzer wird innerhalb weniger Wochen fester. Noch ca. 1 Jahr bleibt der Bauchpanzer der Schildkröte um die Mittelnaht elastisch. Danach sollte auch der Bauchpanzer vollständig fest sein.

Vom ersten Riss im Ei bis zum Schlupf kann es mehrere Stunden, manchmal auch Tage, dauern (a–f).

Der Schlüpfling zeigt eine deutliche Querfalte im Plastron; an der Resorbtionsstelle des Dottersackes ist noch ein Spalt sichtbar (g).

Die Eischwiele ist im Profil sichtbar (h).

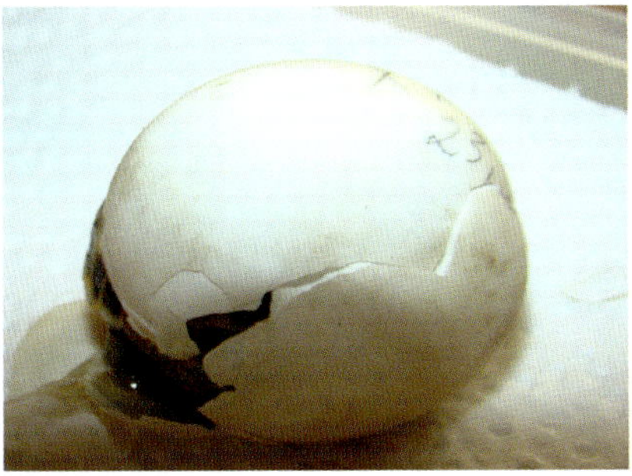
a

b

c

d

e

f

g

h

Die Aufzucht vom Schlüpfling zur adulten Steppenschildkröte ist für jeden Schildkrötenhalter eine Herausforderung. Ein Zuviel an Nahrung und Wärme bewirkt oft ein zu schnelles Wachstum und eine Höckerbildung.

Mit unserem heutigen Wissen ist es möglich, Jungtiere so aufzuziehen, dass sie sich im Alter äußerlich nicht oder kaum von ihren Artgenossen in natürlichen Habitaten unterscheiden.

Unsere Jungtiere, die in menschlicher Obhut aufwachsen, sollten sich in Bezug auf das Panzerwachstum möglichst nicht von freilebenden Artgenossen unterscheiden.

Steppenschildkröte in Kasachstan.
Foto: © Maxim Petrichuk - Fotolia.com

Steppenschildkröten neigen nicht zur extremen Höckerbildung wie dies bei Europäischen Landschildkröten (*Testudo sp.*) häufiger zu beobachten ist. Die Höcker sind bei einer Steppenschildkröte weniger ausgeprägt, aber trotzdem habe ich schon öfters Steppenschildkröten mit Höckerbildung gesehen. Meist sind es verschiedene Faktoren, die dazu führen. Hierzu zählen eine zu reichhaltige Ernährung und eine zu warme Haltung, in der Regel mit Wärme von unten, d. h. einer Flächenheizung in Form einer Heizmatte unter dem kompletten Terrarium.

Steppenschildkröten brauchen nachts eine deutliche Temperaturabsenkung, während sie es tagsüber sehr heiß und trocken benötigen, so auch die Schlüpflinge. Ohne diese Temperaturschwankungen wachsen Steppenschildkröten viel zu schnell.
Um diese klimatischen Bedingungen zu erreichen, braucht man beheizbare Frühbeete, Gewächshäuser oder Schildkrötenhäuser. Diese naturnahe Unterbringung ist für Jungtiere sehr wichtig. Man kann Schlüpflinge die ersten 4 Wochen zwar in großen Plastikwannen pflegen, welche sich gut transportieren und reinigen lassen.
Von Vorteil ist es jedoch, auch Schlüpflinge, von Anfang an in einem Jungtiergehege mit beheizbarem Frühbeet oder Gewächshaus aufzuziehen.

Eine eingerichtete Plastikwanne ist nur vorübergehend für Schlüpflinge geeignet.
Foto: Claudia Schürch-Bischoff

Gut strukturiertes und gegen Fressfeinde gesichertes Jungtiergehege,
Foto: Hermann und Iris Jakob

Das Gehege sollte der Größe der Jungtiere angepasst werden (z. B. 1–2 m^2). Aus welchen Materialien man das Gehege baut, ist jedem Halter selbst überlassen. Man muss nur darauf achten, dass sich die Jungtiere nicht verletzen können, sich nicht unter der Einfriedung durchgraben und sie nicht überklettern können. Auch muss das Gehege der Jungtiere gegen Fressfeinde (Ratten, Mäuse, Marder, Vögel und Hunde) gesichert werden. Das Gehege sollte von oben durch einen mit einem Netz oder einen mit Draht bespannten Holzrahmen geschützt sein. Das Frühbeet bzw. das Gewächshaus muss nachts verschlossen werden können und ebenfalls von unten gegen grabende Nagetiere gesichert werden.

Es müssen Wärmelampen und zeitweise eine UV-Lampe (im Frühjahr) installiert sein. Ohne den Einsatz der erforderlichen Technik (Lampen und Heizung) ist die Haltung von Steppenschildkröten meiner Meinung nach nicht optimal.

Beheizbares Frühbeet mit Jungtiergehege, Foto: Claudia Schürch-Bischoff

Steppenschildkröten sind Kletterkünstler. Foto: Claudia Schürch-Bischoff

Bei einer Frühbeethaltung muss darauf geachtet werden, dass sich das Frühbeet, das in der Regel sonnig stehen sollte, nicht überhitzt. Als Vorsorgemaßnahme muss ein automatischer Fensterheber installiert werden und notfalls auch das Frühbeet beschattet werden, sonst können die Jungtiere in einem aufgeheizten Frühbeet an einem Hitzschlag verenden. Im Sommer muss auch das offene Frühbeet gegen Fressfeinde gesichert werden.

Im Gehege sollte kein reiner Sand als Bodensubstrat verwendet werden. Steine sollten eine Größe besitzen, dass sie nicht versehentlich aufgenommen werden können. Schildkröten fressen bei einem Kalzium- oder Rohfasermangel oft Erde und kleine Steine, was zu einem Darmverschluss führen kann.

Das Freilandgehege bzw. das Frühbeet, Gewächshaus, Schildkrötenhaus oder Übergangsterrarium muss, damit sich Jungtiere wohlfühlen, gut strukturiert sein. Dies kann man mit Pflanzen, Steinen, Korkröhren, Baumwurzeln und Ästen erreichen. Die Steine müssen so eingebracht werden, dass sie beim Überklettern nicht verrutschen, um die Tiere nicht zu verletzen. Es sollten mehrere Versteckmöglichkeiten angeboten werden, da sich Jungtiere ungern ohne Schutz zeigen. Das können kleine Korkröhren, halbierte Blumentöpfe oder Holzhäuschen sein. Diese sollten nicht zu hoch sein, da Steppenschildkröten an der Oberseite des Rückenpanzers gerne Kontakt mit ihrem Unterschlupf haben. Auch Heu und Buchenlaub wird gerne als Unterschlupf angenommen. Allerdings neigt Heu schnell zur Schimmelbildung und sollte täglich kontrolliert und notfalls erneuert werden. An Steinen und Pflanzen graben sich die Jungtiere gerne eigene Höhlen. Eine Bade- und Trinkschale, diese darf nur so hoch mit Wasser gefüllt sein, dass das kleinste Tier darin nicht ertrinken kann, muss im Freigehege sowie im Frühbeet, Gewächshaus oder Schildkrötenhaus vorhanden sein.

Versteckmöglichkeiten in Form von Pflanzen, Korkröhren, Wurzeln, Höhlen oder halbierte Blumentöpfe sollten im Freigehege und Frühbeet bzw. Gewächshaus vorhanden sein.

Auch wenn Steppenschildkröten selten trinken, ist Wasser für sie lebensnotwendig. Die Wasserschale muss täglich gereinigt werden, oft ist es erforderlich, die Trinkschale mehrmals täglich zu reinigen und mit frischem Wasser aufzufüllen, da sich die Schildkröten gerne in den Schalen entleeren.

a

b

Das Gehege sollte an der sonnigsten Stelle des Gartens liegen und mit verschiedenen Wildkräutern bepflanzt werden, damit sich die Tiere ihr Futter selbst suchen können. Kalzium in Form von Sepiaschalen, Muschelgrit oder zermahlene Eierschalen sollte immer angeboten werden.

Diese Steppenschildkröte nagt an einer Sepia-Schale. Diese dient als Kalziumlieferant und hilft, die Hornscheiden der Tiere abzunutzen (a).

Junge Steppenschildkröten trinken häufiger als ihre adulten Artgenossen (b).

Jungtiergehege mit Wildkräutern bepflanzt.

Jungtiere leben versteckter als adulte Steppenschildkröten. Den Großteil des Tages sind sie eingegraben oder sitzen im lichten Schatten der Pflanzen. Sie haben morgens und gegen Abend ihre aktivste Zeit. Jungtiere wärmen sich rasch auf, erkunden neugierig das Gehege, fressen und sind dann schnell wieder im Halbschatten verschwunden. Deshalb ist es wichtig, dass man den Tieren nicht nur Sonnenplätze, sondern auch schattige Bereiche anbietet. Die Flächen meiner Freianlagen für ausgewachsene Tiere betragen ca. 50–100 m² pro Gehege. Schlüpflinge und Jungtiere bis zu einem Alter von etwa 5 Jahren werden in kleinen Gehegen (ca. 2–4 m²) gehalten.

Auch bei Jungtieren ist es wichtig, die Jahreszeiten zu simulieren: das Frühjahr mit Tagesumgebungstemperaturen von 20 bis 25 °C, den Sommer mit Temperaturen von über 30 °C und trocken. Einen Herbst unserer Breiten kennen Steppenschildkröten nicht. In ihren Herkunftsländern geht der Sommer oft direkt in den Winter über.

Übergangsterrarium im Schildkrötenhaus.

Ab ihrem Schlupfjahr müssen auch Jungtiere eine Winterstarre halten, sonst wachsen sie viel zu schnell. Sind die Tiere gesund, können sie wie die erwachsenen Tiere überwintert werden.

Die Ernährung von Jungtieren ist ebenfalls die gleiche wie bei adulten Steppenschildkröten: abwechslungsreich mit verschiedenen Wildkräutern, Heu und Heucobs. Blüten fressen die kleinen Schildkröten sehr gerne, sie sollten aber nur als kleine Beigabe gereicht werden. Auch sollten den Schlüpflingen immer wieder getrocknete Wildkräuter angeboten werden.

Jungtiere fressen gerne getrocknete Wildkräuter.

Jungtiere der Steppenschildkröten haben oft gesundheitliche Probleme durch zu kühle und feuchte Haltung und zu reichhaltige Ernährung.

Die häufigsten Haltungsfehler bei kleinen Steppenschildkröten sind:

- zu niedrige Haltungstemperatur,
- fehlendes Temperaturgefälle, z. B. keine Nachtabsenkung,
- zu feuchte Haltung,
- zu niedrige Lichtintensität,
- fehlendes UV-Licht,
- Zugluft,
- zu reichhaltige Ernährung,
- keine Winterstarre,
- ausschließlich Kies oder Sand als Bodengrund,
- Vergesellschaftung mit anderen Schildkrötenarten oder gar mit anderen Tierarten, z. B. Kaninchen,
- kein gegen Prädatoren (Fressfeinde) gesichertes Gehege.

Das Verhalten von Jungtieren unterscheidet sich von dem adulter Steppenschildkröten nur dadurch, dass sie versteckter leben und sich nicht sehr lange in der Sonne aufwärmen. Durch ihre geringere Größe überhitzen sie sehr schnell. Ich füttere einmal am Tag gezielt zu, dabei beobachte ich die Jungtiere sehr genau, ob und wie sie fressen. Auch bei Jungtieren können dominante Tiere auftreten, die die anderen Schildkröten unterdrücken. Diese Tiere setze ich in ein anderes Gehege, dadurch minimiere ich den Stress, und alle Schildkröten erhalten Gelegenheit zu fressen.

Auch unter Jungtieren kann es aggressive Tiere geben.

Junge Steppenschildkröten sind sehr neugierig.

Meine Jungtiere werden alle 2 Wochen gewogen und gemessen. Beim Wiegen werden die Tiere gleich einem Gesundheitscheck unterzogen. Hier schaue ich mir genau Augen, Nase und die Schleimhäute im Maul an. Dem Panzer der Jungtiere schenke ich besondere Aufmerksamkeit. Ganz vorsichtig prüfe ich ihn auf seine Festigkeit. Der Panzer der Jungtiere ist noch elastisch, das ist völlig normal. Je älter die Steppenschildkröten werden, desto fester wird deren Panzer. Bei dieser Kontrolle suche ich den Panzer und die Weichteile nach Verletzungen ab.

14. Wachstum

Der intensivste Wachstumsprozess vollzieht sich noch vor dem Schlupf im Ei: zwischen der Befruchtung der Eizelle bis zum Schlupf des Jungtieres.

Auch nach dem Schlupf bis zur Geschlechtsreife wachsen die Steppenschildkröten sehr schnell. Nach der Geschlechtsreife verlangsamt sich das Wachstum deutlich. Schildkröten wachsen zwar ihr ganzes Leben lang, im Alter allerdings nur noch sehr langsam.

Das Wachstum kann bei identischer Haltung sehr unterschiedlich sein. Es ist abhängig von der Größe und dem Gewicht der Elterntiere, dem Schlupfgewicht, der Ernährung, der Temperatur und den Lichtverhältnissen.

Frisch geschlüpftes Jungtier und 1-jähriges Jungtier im Größenvergleich

Größenvergleich: 1-, 2- und 3-jährige Jungtiere

Das Wachstum ist bei Schlüpflingen bis zur ersten Winterstarre enorm. Häufig haben die Tiere ihr Gewicht in 2 bis 3 Monaten schon verdoppelt.

Bei Jungtieren sind das Wachstum und die Gewichtszunahme nach der Starre bis Mitte Juli am größten – sehr gut sichtbar an den hellen Wachstumsstreifen. Diese sind bei jungen Steppenschildkröten breiter als bei adulten, bei denen die Wachstumsstreifen nur als feine Linien sichtbar sind.

Ein weiterer Hinweis auf ein Wachstum sind die Wachstumsringe um die Areolen der Schilde von Rückenpanzer und Bauchpanzer.

Eine genaue Altersbestimmung durch Zählen der Wachstumsrillen ist weder bei Jungtieren noch bei adulten Schildkröten möglich. Jungtiere können in einem Jahr mehrere Wachstumsschübe haben, und es entstehen folglich mehrere Wachstumsrillen. Mit zunehmendem Alter werden bei dieser grabenden Art die Wachstumsrillen regelrecht weggeschliffen und sind bei alten Tieren nicht mehr sichtbar. Das macht eine exakte Altersbestimmung völlig unmöglich.

Steppenschildkröten häuten sich mit sehr großen Hautfetzen; dies ist ebenfalls ein Hinweis auf Wachstum.

a

b

c

Die Wachstumsstreifen bei Jungtieren sind breiter als bei adulten Steppenschildkröten (a).

Bei adulten Tieren sind die Wachstumsringe nur noch als feiner Streifen erkennbar (b).

Wachstumstreifen und Häutung bei einem Jungtier (c)

Die Geschlechtsreife setzt bei männlichen Steppenschildkröten mit 8 bis 10 Jahren ein. Bei Weibchen wird die Geschlechtsreife mit 10 bis 15 Jahren erreicht. Allerdings spielen hierbei auch Größe und Gewicht der Tiere eine entscheidende Rolle. „Dampfaufzuchten" sind schneller geschlechtsreif, haben aber durch dieses unnatürliche schnelle Wachstum sehr oft gesundheitliche Probleme, wie z. B. Nieren- und Leberprobleme.

Die Wachstumsunterschiede zeigt das nachstehende Diagramm:

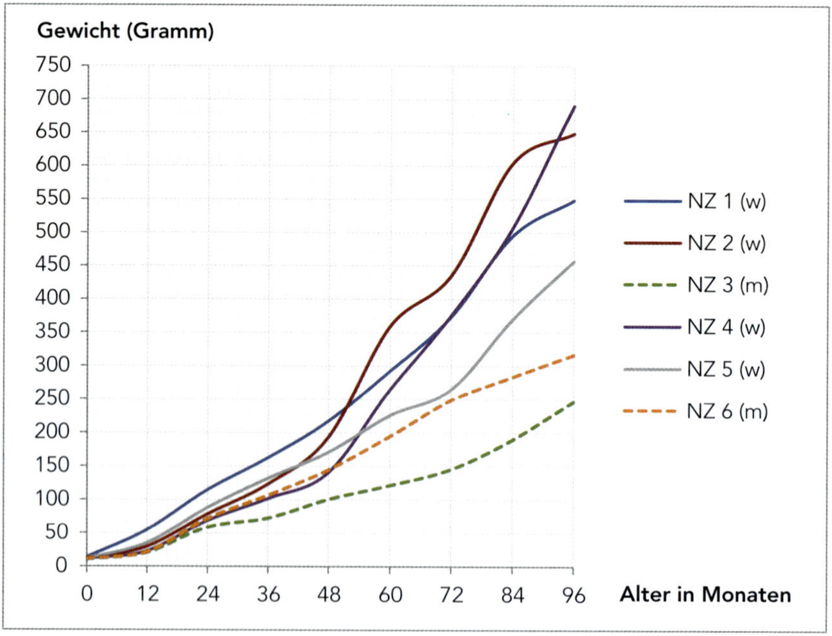

Die 6 Jungtiere stammen aus 3 Gelegen von 2003 eines Weibchens, wobei 2 Gelege aus je 4 Eiern und 1 Gelege aus 3 Eiern bestanden. Aus den 11 Eiern schlüpften 9 Jungtiere, 2 Eier erwiesen sich als unbefruchtet. 3 der 9 Jungtiere wurden abgegeben, 6 Tiere habe ich selbst behalten.

Gezeitigt habe ich diese Gelege bei 31,5 °C und einer Luftfeuchte von 70 %. Das Geschlechterverhältnis dieser Gruppe betrug bei diesen Tieren 6:3, also 6 männliche Tiere und 3 weibliche Tiere.

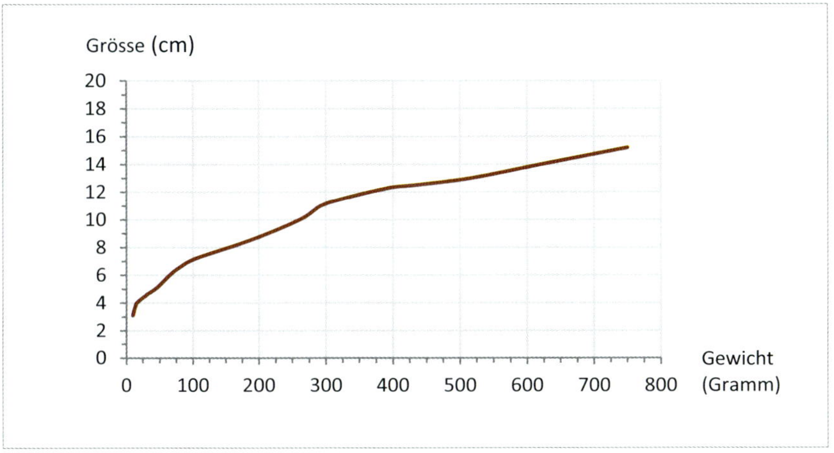

Dieses Diagramm zeigt das Wachstum in cm zum Gewicht

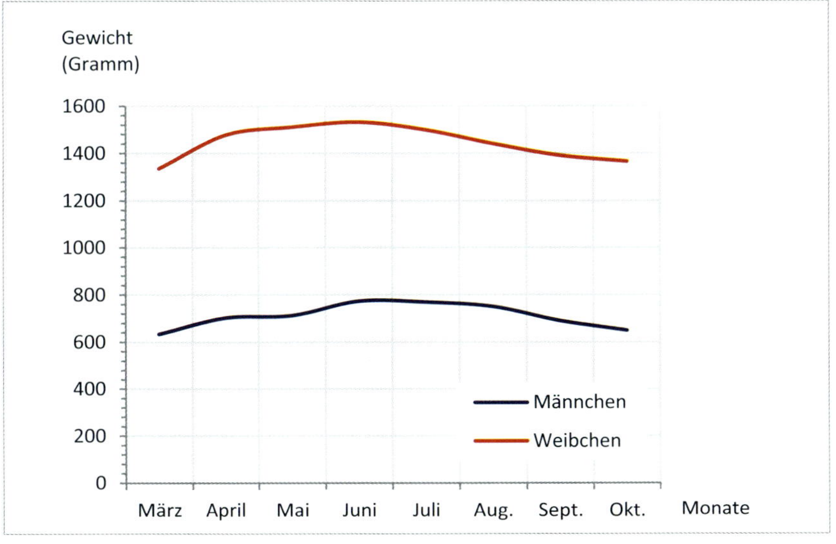

Jahres-Gewicht zweier ca. 40 Jahre alter Steppenschildkröten

15. Sommerruhe (Ästivation)

In den Sommermonaten, in denen es tagelang sehr heiß und trocken ist, halten Steppenschildkröten in ihren natürlichen Habitaten eine sogenannte Ästivation (Sommerruhe), die unter Umständen direkt, je nach Wetterlage, in die Winterstarre übergeht.

Teilweise sind die Tiere gezwungen, zum Überleben eine Sommerruhe zu verbringen, da die heiße Witterung es schier unmöglich macht, sich im Freien aufzuhalten, andererseits jede noch vorhandene Pflanze verdorrt. Die Tiere finden in dieser Zeit weder Futter, geschweige denn eine Wasserquelle.
Da das Wetter in den Herkunftsländern der Steppenschildkröten sehr plötzlich von extrem heiß auf bitterkalt umschlägt, kann es vorkommen, dass die Tiere keine Möglichkeit haben, im Herbst nochmals an die Oberfläche zu kommen und Nahrung aufzunehmen. In solchen Jahren kommt es vor, dass eine Steppenschildkröte mehr als 7 Monate unter der Erde verbringen muss, so lange wie keine andere Schildkrötenart.

In Jahren mit sehr warmen Sommermonaten kann das Phänomen der Ästivation auch in unseren Breiten beobachtet werden. Zumindest sind die Tiere weniger aktiv, leben trotz schönsten Wetters vergraben und kommen nur kurz zum Fressen heraus. Viele Halter konnten im „Jahrhundertsommer" 2003 eine solche Sommerruhe bei ihren Tieren beobachten.

Meine Tiere halten keine richtige Sommerruhe. Sie sind bei heißer Witterung sehr viel ruhiger und fressen bedeutend weniger. Oft verbringen sie den Tag nur in ihren Schlafhäusern oder Höhlen. Auch ihr Fressverhalten ändert sich. Trotz ausreichend bei uns wachsender Wildkräuter fressen sie in dieser Zeit Heu und Heucops. Auch das Fressen von Gras konnte ich in dieser Zeit vermehrt beobachten.

Steppenschildkröten ruhen sehr gerne unter Pflanzen.

Gras wird im Sommer häufig gefressen.

16. Winterstarre (Hibernation)

Die Winterstarre gehört bei allen Schildkröten, die in gemäßigten Zonen leben, zu einer artgerechten Haltung. Alle gesunden Steppenschildkröten, auch Schlüpflinge, sollten eine Starre halten – ausgenommen sind kranke Tiere.
Ohne Winterstarre bringt man den natürlichen Rhythmus und den Hormonhaushalt der Schildkröten durcheinander, was zu einer Schwächung des Immunsystems führt. Die Steppenschildkröten werden dann anfälliger gegenüber Krankheiten und Parasiten.

Bei der Steppenschildkröte beginnt die natürliche Vorbereitung auf die Winterstarre nicht erst im Herbst, sondern schon im Sommer. Die Tiere spüren die abnehmende Tageslänge und -helligkeit. Ihr Verhalten ändert sich. Sie werden ruhiger, ihr Fressverhalten ändert sich ebenfalls. Während eine Steppenschildkröte vom Frühjahr bis zum Frühsommer alles Erdenkliche an Futter aufnimmt, frisst sie jetzt sehr viel weniger.

Ab Mitte August muss man Steppenschildkröten gut beobachten. Manche Tiere vergraben sich jetzt schon für die Starre und sind dann kaum mehr aufzufinden.

Oft wird empfohlen, den Kot von Europäischen Landschildkröten im August oder September auf Parasiten zu untersuchen. Das gilt bei Steppenschildkröten jedoch nicht. Gerade bei diesen Schildkröten müssen die Kotuntersuchungen spätestens Ende Juni erfolgen. So ist noch genügend Zeit, falls eine Schildkröte gegen Parasiten behandelt werden muss. Schließlich benötigen die Medikamente eine gewisse Zeit, um wirken zu können. Nach der letzten Medikamentengabe muss das Tier noch mindestens 4 Wochen gut im Futter gehalten werden. Nur so ist gewährleistet, dass die Medikamente rechtzeitig abgebaut werden können, bevor die Tiere ihre Sommerruhe bzw. Winterstarre halten.

Ab Mitte August sollte man die Steppenschildkröten besonders beobachten. Die Tiere graben sehr gerne. Schon jetzt kann es passieren, dass sich die Tiere durch eine kühle Witterung ein Winterquartier suchen und sich an unerwarteten Stellen eingraben. Zu finden sind sie dann kaum noch und manche Tiere lassen sich auch durch einen warmen und schönen Spätherbst nicht mehr aus ihren Höhlen locken. Prinzipiell könnten unsere Steppenschildkröten, wenn sie denn tief genug vergraben sind, unsere eisigen Winter auch draußen überstehen. Die Temperaturen werden auch in ihren Habitaten erreicht, teilweise sind dort die Temperaturen sogar noch niedriger. Allerdings sind die Winter in unseren Regionen zu feucht, um die Tiere im Freiland überwintern lassen zu können. Viele Steppenschildkröten reagieren auf Feuchtigkeit mit Erkältungskrankheiten, Nekrosen (Entzündungen des Panzers) u. Ä. Ein weiteres Problem besteht darin, dass unsere Tiere bei einer unkontrollierten Überwinterung nicht gegen Fressfeinde (Ratten, Mäuse) geschützt werden können.

Am einfachsten ist die Methode, wenn sich Schildkröten selbst auf die Winterstarre vorbereiten, es ist auch die natürlichste. Meine Tiere bereiten sich selbst vor. Ich versuche auch nicht, ihre aktive Zeit zu verlängern, denn in unseren Breiten sind die Steppenschildkröten länger aktiv als in ihren Herkunftsländern. Deshalb sind ab September bei mir tagsüber nur noch stundenweise Wärmelampen angeschaltet, um den Tieren zu ermöglichen, evtl. aufgenommenes Futter noch zu verdauen. Eine weitere Beheizung, insbesondere nachts, erfolgt nicht, sodass es nachts bedeutend kühler wird. Die Tiere fressen jetzt nur noch selten, einige Tiere fressen überhaupt nichts mehr. Zu dieser Zeit biete ich in den Schildkrötenhäusern den Steppenschildkröten nur noch Heu zum Fressen an, allerdings können sich die Tiere im Freigehege tagsüber noch genügend Frischfutter suchen. Wasser wird immer angeboten. Bei schönem Wetter können die Schildkröten immer noch ins Freigehege. Allerdings verbringen die Tiere auch immer mehr Zeit in ihren Schlafhäusern und sind kaum noch aktiv. Zu dieser Zeit wiege ich alle Tiere, schreibe die Daten auf und kontrolliere die Tiere auf Auffälligkeiten.

Sobald alle Tiere ihre Schafhäuser tagsüber nicht mehr verlassen und sich dauerhaft vergraben haben (meist im Oktober), fülle ich die Schlafhäuser mit Buchenlaub auf. Erde und Laub halte ich vollkommen trocken. Die Temperatur schwankt im Schildkrötenhaus: In warmen Wintern gehen die Temperaturen auch mal auf 7,5 °C hoch, aber meist liegen sie bei 2 bis 4 °C. Bei dieser Temperatur starren gesunde Steppenschildkröten ruhig. Wenn die Temperatur unter 2 °C sinkt, schalte ich die Heizung ein. Die Fenster des Schildkrötenhauses werden abgedunkelt.

Meine Kontrolle der adulten Tiere besteht darin, dass ich die Temperatur täglich kontrolliere. Alle 2 Tage öffne ich die Deckel der Schlafhäuser und schaue, ob alle Schildkröten noch vergraben sind. Höre ich ein Rascheln im Buchenlaub, schiebe ich das Laub etwas zur Seite und schaue genauer nach der Schildkröte. Sitzt eine Schildkröte auf dem Laub, kontrolliere ich das Tier. Zunächst wird das Gewicht ermittelt. Rückenpanzer und Bauchpanzer werden auf Veränderungen und Rötungen untersucht. Die Nase sollte trocken sein. Die Augen dürfen nicht eingefallen sein. Ist alles in Ordnung, setze ich das Tier wieder ins Laub und warte zunächst ab, da sich die Tiere selbstverständlich in der Starre auch einmal bewegen können. Ich sehe dann aber täglich nach dem Tier, ob es ruhig weiterstarrt oder unruhig ist. Ist ein Tier nach 3 Tagen immer noch unruhig und die Überwinterungstemperatur liegt bei 2 bis 4 °C, wintere ich die Schildkröte aus. Möglicherweise liegt eine Erkrankung vor, die durch den Fachtierarzt untersucht werden muss.

Jungtiere bis zu einem Alter von 4 Jahren überwintere ich in Überwinterungskisten. So kann ich die Jungtiere besser kontrollieren. Sie werden während der Starre alle 4 Wochen gewogen und einer kurzen Kontrolle unterzogen (Bauch- und Rückenpanzer, Nase und Augen). Bauch- und Rückenpanzer dürfen keine Rötungen oder Veränderungen (gelblich-braune Flecken) aufweisen, die Nase muss trocken und die Augen dürfen nicht eingefallen sein.

Bei einem Gewichtsverlust von 5 % wintere ich die Jungtiere aus. Das Überwinterungssubstrat und das Buchenlaub müssen ohne Schimmelbildung sein.

Mit Buchenlaub aufgefüllte Schlafhäuser

Vorbereitung auf die Winterstarre im Terrarium

Die Vorbereitung auf die Winterstarre in einem Terrarium ist nicht einfach und nicht zu empfehlen. Dies liegt daran, dass es schwer ist, ein richtiges Temperaturgefälle zu erzeugen. Steht das Terrarium in der Wohnung, z. B. im Wohnzimmer, fallen die Temperaturen nachts in der Regel nicht auf die benötigten 12 °C, die den Tieren, neben den kürzer werdenden Tagen, den Beginn der Winterstarre anzeigen. Daher muss ein Terrarium in einem hellen Raum stehen, in den Tageslicht einfällt. Dieser Raum muss nachts erheblich kälter als der übrige Wohnraum gehalten werden können. Die Vorbereitung auf die Winterstarre dauert mindestens 4 Wochen. In der 1. Woche wird täglich die Beleuchtung von 12 Stunden auf 6 Stunden verringert. Die Verwendung der Wärmelampe wird auch schrittweise reduziert, von 12 Stunden auf 6 Stunden am Tag. Unter der Wärmelampe sollte noch eine Temperatur von 30 °C erreicht werden. Die Nachttemperaturen müssen deutlich unter 15 °C liegen. In der 2. Woche wird das Futter reduziert. Durch die Reduzierung des Gebrauchs der Wärmelampen und der damit verbundenen Senkung der Umgebungstemperatur stellen die Tiere in der Regel selbständig das Fressen ein und verbringen mehr Zeit in ihren Höhlen. Die Temperatur sollte in der Nacht jetzt unter 12 °C liegen. Die Beleuchtungsdauer und der Betrieb der Wärmelampen werden tagsüber weiter gesenkt. In der 3. Woche wird die Fütterung eingestellt. Die Beleuchtung erfolgt nun nur noch 4 Stunden am Tag, die Wärmelampen werden 3 Stunden am Tag eingeschaltet. Nachts muss die Temperatur deutlich unter 10 °C liegen. Frisches Wasser wird in der Vorbereitungszeit immer angeboten. Die Tiere werden nun deutlich ruhiger, sind inaktiv, kommen nur noch aus ihren Schlafhäusern, um sich kurz aufzuwärmen und zu verdauen. In der 4. Woche kommen die Tiere so gut wie nicht mehr aus ihren Schlafhäuser oder Höhlen heraus. Die meisten Tiere haben sich bereits vergraben. Nur für einige Nachzügler sollte am Tag noch eine Beleuchtung stattfinden. Die Wärmelampe sollte in der 4. Woche höchstens noch 1 Stunde betrieben werden. Wenn keines der Tiere mehr aktiv ist und aus den Schlafhäusern kommt, werden die Schildkröten in ihre Überwinterungskisten gepackt und an ihren Überwinterungsort verbracht.

Ich bade keine meiner Schildkröten in der Vorbereitungszeit, sondern biete nur täglich frisches Trinkwasser an. In der Vorbereitungszeit verlieren die Steppenschildkröten in der Regel etwas an Gewicht. Hier hilft eine genaue Aufzeichnung der Gewichtsdaten. Die Tiere werden bei Beginn der Überwinterungsvorbereitungen und bei Beginn der eigentlichen Überwinterung gewogen. Das Gewicht sollte notiert werden, sodass man bei einer Kontrolle der Tiere eventuelle Gewichtsverluste innerhalb der Winterstarre sofort bemerken kann.

Überwinterungsorte:

Keller

Die Überwinterung in einem Keller setzt voraus, dass dieser die benötigten Überwinterungstemperaturen von 4 bis 6 °C aufweist. Dies ist in der Regel aber nur in den Kellern von alten Häusern möglich. Kellerräume neuerer Häuser sind bestens isoliert, daher zu warm und deshalb ungeeignet. In einem alten, trockenen Gewölbekeller kann man Steppenschildkröten sehr gut überwintern. Als Überwinterungskisten eignen sich Holzkisten oder Kunststoffboxen. Die Behältnisse müssen so groß sein, dass die Schildkröten sich drehen, und so hoch sein, dass die Tiere nicht hinausklettern können. Gefüllt werden die Überwinterungskisten mit ungedüngter Gartenerde. Die Erde der Kisten sollte doppelt so hoch wie eine Schildkröte sein. Auf die Erde kommt im Herbst gesammeltes Buchenlaub. Zum Schutz vor Nagetieren müssen die Kisten mit Gittern gesichert werden. Keinesfalls darf die Kiste komplett verschlossen sein, ein Luftaustausch muss stattfinden. Die Temperatur im Keller darf nicht über 8 °C steigen, damit der Stoffwechsel der Tiere nicht angeregt wird. Dies ist durch unsere teilweisen warmen Winter manchmal schwer zu bewerkstelligen und muss sehr gut kontrolliert werden. Notfalls müssen die Tiere in ihren Überwinterungskisten an kühlere Plätze verbracht werden.

Auch im Gewölbekeller muss die Temperatur überwacht werden, denn nicht jeder Gewölbekeller ist für die Winterstarre geeignet. Foto: Dagmar Lerch

Garage

Die Garage ist nur bedingt geeignet, da Frost eindringen kann. Eine Überwinterung ist hier nur machbar, wenn die Temperaturen genauestens kontrolliert und notfalls die Überwinterungskisten beheizt werden können. Auch müssen diese gegen Mäuse, Ratten und Marder geschützt werden.

Gut isolierte Überwinterungskiste mit Deckelheizung, Foto: Erhard und Gisela Schilling

Frühbeet, Gewächshaus

Im Frühbeet und Gewächshaus ist eine Überwinterung möglich. Es muss aber eine Überwinterungsgrube mit einer Mindesttiefe von 80 cm vorhanden sein. Die Grube sollte in der Mitte des Frühbeets oder

Gewächshauses liegen und die Seitenwände sollten gedämmt werden (z. B. mit Styrodur). Der Boden der Überwinterungsgrube muss von unten und oben gegen Nager (Ratten, Mäuse etc.) gesichert werden, aber auch gegen Feuchtigkeit.

Steppenschildkröten sind gegen Feuchtigkeit sehr empfindlich. Ist das Überwinterungssubstrat zu feucht, sind Krankheiten, wie Schnupfen, Panzernekrosen u. a. vorprogrammiert. Hier unterscheidet sich die Steppenschildkröte von den Testudo-Arten, welche in relativ feuchtem Substrat überwintert werden, ungemein. Dies sollte unbedingt beachtet werden.

Mit Planen abgedeckte Frühbeete dienen zum Schutz vor Nässe und verringern ein zu starkes Aufheizen. Foto: Dagmar Lerch

Das Gewächshaus wurde mit Buchenlaub aufgefüllt. Foto: Sieglinde und Otto Übel

Die Überwinterungsgrube füllt man mit einem Gartenerde-Sand-Gemisch auf. Die Erde darf nicht feucht sein. Die Tiere graben sich je nach Temperatur mehr oder weniger ein. Nachdem die Tiere sich vergraben haben, sollte die Überwinterungsgrube noch mit Buchenlaub aufgefüllt werden. Auch das Frühbeet bzw. das Gewächshaus sollte noch zusätzlich mit Buchenlaub isoliert werden. Eine genaue Temperaturmessung, möglichst im Boden der Überwinterungsgrube, ist sehr wichtig. Sollten die Temperaturen bei längeren Frostperioden unter 2 °C fallen, muss

auch hier bei den Tieren zugeheizt werden. Die Heizung kann über einen sogenannten Frostwächter, eine Gewächshausheizung, Heizkabel oder Wärmematten erfolgen. Der Nachteil der Überwinterung im Frühbeet oder Gewächshaus ist die fehlende Möglichkeit einer Kontrolle der Tiere. Diese ist in der Regel schwer zu bewerkstelligen. Der Vorteil liegt in der naturnahen Überwinterung.
Das Frühbeet sollte zum Schutz gegen Regen, Schnee und eindringende Nässe mit einer Plane abgedeckt werden. Durch eine blickdichte Plane wird auch das Aufheizen des Frühbeets bzw. Gewächshauses in der Wintersonne vermieden. Temperaturschwankungen können so vermieden werden.

Freiland

Es kommt vor, dass sich Steppenschildkröten im Herbst im Freiland eingraben und man sie nicht mehr findet. Ab Anfang September beobachte ich meine Tiere daher sehr genau, da Steppenschildkröten sich schon in Vorbereitung auf die Hibernation befinden und die Gefahr besteht, dass sich die Tiere im Freiland unauffindbar eingraben und eine unkontrollierte Winterstarre verbringen. Steppenschildkröten haben ein riesiges Verbreitungsgebiet mit unterschiedlichen klimatischen Bedingungen. Unsere Winter können zu kalt für die Tiere werden, da in der Regel auch nicht bekannt ist, aus welchen Ursprungsgebieten die Schildkröten stammen. Das größte Problem bei einer Freilandüberwinterung sind unsere feuchten Winter. Der Boden wird durch Schnee und Regen aufgeweicht, was für ein Tier, das in der Regel in trockenen Steppen zu Hause ist, den Tod bedeutet. Oft überlebt eine Steppenschildkröte die unkontrollierte Überwinterung im Freiland nicht, weil sie sich nicht tief genug eingraben kann, um möglichst trocken zu sitzen.
Ist ein Tier dennoch unauffindbar eingegraben, sollte das Freigehege gegen Nässe geschützt werden. Es muss dann notfalls mit Planen

großflächig gegen Regen und Schnee bedeckt werden. Günstig wäre außerdem, unter der Plane eine Schicht mit Laub einzubringen.

Wenn die Steppenschildkröte erfreulicherweise ihren Freilandaufenthalt überlebt hat und im Frühjahr aus der Starre erwacht, muss das Tier genau beobachtet und auf Frostschäden untersucht werden. Schließlich können zu kalte Temperaturen (Frost) das zentrale Nervensystem, die Augen und Gliedmaßen schädigen.

Kühlschrank

Bei der Kühlschranküberwinterung kann die Hibernation der Tiere problemlos überwacht werden.

Allerdings sollte zur Überwinterung der Tiere ein separater Kühlschrank angeschafft und nicht unbedingt der Kühlschrank verwendet werden, in welchem die Nahrungsmittel des täglichen Bedarfs lagern. Dies zum einen aus hygienischen Gründen, zum anderen aber auch, damit die Tiere so wenig wie möglich durch ein Öffnen der Kühlschranktür gestört werden.

Bitte bedenken Sie, dass Sie einen voll funktionstüchtigen Kühlschrank anschaffen und eine eventuelle Neuanschaffung nicht scheuen. So manches Thermostat eines alten, gebrauchten Kühlschranks hat schon so manchen Tod einer Schildkröte nach sich gezogen, weil die Temperaturen des Kühlschranks unter den Gefrierpunkt fielen. Sollten Sie dennoch ein älteres Modell einsetzen wollen, bietet der Elektrofachhandel entsprechende Universal-Thermostate an, die zur Überwachung der Temperatur zwischen Steckdose und Kühlschrank geschaltet werden können.
Bevor die Tiere in ihren Boxen in den Kühlschrank überführt werden, sollte dieser ein paar Tage „zur Probe" gelaufen sein, und zwar

mit den mit Erde gefüllten Überwinterungsboxen. Innerhalb dieses Probelaufs kann die Temperatur so eingestellt werden, dass die gewünschte konstante Überwinterungstemperatur gehalten wird. Um Temperaturschwankungen zu vermeiden, können mit Wasser gefüllte (verschlossene) Kunststoffflaschen in den Kühlschrank gelegt oder gestellt werden.

Als Überwinterungsboxen eignen sich in der Regel Kunststoffboxen, wie sie in jedem Baumarkt erhältlich sind. Falls diese über keine Öffnungen oder Belüftungsschlitze verfügen, sollten in die Boxen kleine Löcher zum Luftaustausch gebohrt werden. Keinesfalls darf die Box luftdicht schließen.

Durchsichtige Boxen eignen sich hervorragend, da die Tiere sich oft am Rand der Box graben und so kontrolliert werden können, ohne dass die Tiere den Boxen entnommen werden müssen. Eine Störung durch die Beleuchtung bei geöffneter Kühlschranktür konnte nicht festgestellt werden.

Die Überwinterungsboxen sollten so hoch mit trockener (!) Erde gefüllt sein, dass sich die Tiere problemlos eingraben können. Die Größe sollte so bemessen sein, dass sich die Tiere noch frei bewegen können.
Bevor die Tiere in die Überwinterungskiste gesetzt werden, sollten die Tiere gewogen und das Gewicht sollte festgehalten werden. Hierbei hat es sich bewährt, die Überwinterungskisten mit einer Notiz zu Namen und Gewicht der Schildkröte zu versehen, die in der Kiste starren wird. Starren mehrere kleinere Schildkröten in einer Kiste, sollte jedes der Tiere mit Gewicht vermerkt sein. Im Falle einer Kontrolle der Schildkröten während der Winterstarre hat man jederzeit das Einwinterungsgewicht des entsprechenden Tieres griffbereit.

Um die Temperaturen des Kühlschrankes überwachen zu können, sollten zumindest einige Überwinterungskisten mit einem externen Temperaturfühler im Substrat versehen sein, der die Temperatur per Funk an eine Feststation in der Wohnung weitergibt, damit auch „aus der Ferne" eine Überwachung erfolgen kann.

Nachdem die Schildkröten auf die Erde gesetzt worden sind, wird noch eine Schicht getrocknetes Buchenlaub eingefüllt. Um die Luftfeuchte zu erhöhen, stellt man eine Schale mit Wasser in den Kühlschrank. Auch im Kühlschrank liegt die ideale Winterstarre-Temperatur bei 2 bis 4 °C.

Ein Kühlschrank ist für die Starre sehr gut geeignet. Foto: Dagmar Lerch

Auswinterung

Wie bereits beschrieben, starren meine Tiere in einem massiv gebauten Schildkrötenhaus mit Naturboden.
Meine Steppenschildkröten erwachen meist Ende Februar oder Anfang März, wenn die Umgebungstemperaturen ca. 8 °C überschreiten.

Am Laub bemerke ich zuerst, dass die Steppenschildkröten sich in der Aufwachphase befinden. Anders als zuvor hat das Laub trichterförmige Vertiefungen, ein Zeichen, dass sich die Tiere unter dem Laub bewegen. Jetzt hört man es auch rascheln.
Die Tiere graben sich aus der Erde und dem Laub nach oben. Sobald die ersten Schildkröten sichtbar werden, schalte ich im Schildkröten-

haus die Beleuchtung und die Heizung ein. Die Tiere müssen sofort auf ihre Vorzugstemperaturen kommen können.
Bei mir wachen meist zuerst die männlichen Tiere, dann die semiadulten beider Geschlechter und am Schluss die adulten Weibchen auf.

Die Heizung wird nur tagsüber eingeschaltet, um nach der Winterstarre in Bodennähe ca. 15 °C zu erreichen. Gegen März erhöhe ich die Temperatur auf ca. 20 °C. Nachts fällt die Temperatur auf 10 bis 12 °C.

Die Aufwachphase hat begonnen, die Panzer sind zu sehen.

Die erste Steppenschildkröte ist wach!

Jetzt brauchen Steppenschildkröten sofort Wärme.

Jede Steppenschildkröte wird nun von mir genauestens angeschaut. Hierbei achte ich auf mögliche Veränderungen des Bauchpanzers, des Rückenpanzers und der Weichteile (Beine, Kloake und Kopf). Die Nase muss frei sein, ohne Bläschen. Die Augen dürfen nicht eingefallen oder verklebt sein. Die Schildkröten werden gewogen und ihr Gewicht wird notiert. Sollten Sie irgendwelche Auffälligkeiten an ihren Schildkröten entdecken, suchen Sie bitte umgehend einen Reptilienfachtierarzt auf.

Nach der Starre werden die Steppenschildkröten genau kontrolliert.

Am 1. Tag nach Beendigung der Winterstarre wärmen sich meine Steppenschildkröten meist nur kurz für ca. 1 Stunde unter den Lampen auf und begeben sich dann wieder in ihre Schlafhäuser. Bereits am 2. Tag sind sie agiler und fangen an zu fressen.
Sobald die Steppenschildkröten richtig aufgewärmt sind, schaue ich in ihr Maul und kontrolliere ihre Schleimhäute. Diese sollten immer rosig sein.
Am 3. Tag bade ich meine Tiere, damit sie ein eventuelles Flüssigkeitsdefizit ausgleichen können. Ich zwinge die Tiere nicht, im Wasser sitzen zu bleiben, sondern überlasse es jedem Tier, wie lange es baden möchte. Steppenschildkröten baden selten und „Zwangsbaden" bedeutet Stress für sie. Dies ist das einzige Mal, dass ich sie, ohne das krankheitsbedingt ein Grund vorliegt, ins Wasser setze.

Meine Steppenschildkröten-Nachzuchten schlüpfen ca. Ende Juli bis September. Da ich diese kleinen Tiere noch mindestens 2 Monate nach dem Schlupf beobachten und überprüfen möchte, starren diese Tiere nur 3 bis 4 Monate. Daher ist bei ihnen die Aufwachphase etwas anders. Wenn ich Jungtiere aufwecke, stelle ich sie in ihrer Überwinterungskiste in ein helles Zimmer mit Raumtemperatur. Nach ca. 2 bis 3 Stunden hört man es unter dem Buchenlaub rascheln. Wenn alle Schildkröten auf dem Laub sitzen (meist nach 6 bis 8 Stunden), bringe ich die kleinen Steppenschildkröten in ihr großes Holzterrarium und schalte die Lampen ein. Die Jungtiere setze ich nicht unter Lampen, sondern in ihre Schlafhäuser. Manche kommen noch am selben Tag aus den Schlafhäusern, setzen sich unter die Lampen und fressen dann auch schon. Andere brauchen etwas länger und kommen erst am nächsten Tag heraus.

Wie die adulten Steppenschildkröten werden auch sie genau angeschaut, gewogen und gebadet. Meist trinken die Jungtiere dann ausgiebig. Zum Baden setze ich sie in lauwarmes Wasser in ihre Wasserschalen, so können sie selbst entscheiden, wie lange sie im Wasser bleiben wollen.
Meine Jungtiere beginnen in der Regel sofort mit dem Fressen.
Nach etwa 4 Wochen verbringe ich die Tiere in das beheizbare Frühbeet. Tagsüber können die Tiere das Freigehege aufsuchen.

Wenn während oder nach der Winterstarre Probleme auftauchen, z. B. eine feuchte Nase, Atemwegsgeräusche, rötliche Flecken oder gelblich-braune Verfärbungen am Bauch- oder Rückenpanzer auftreten, die Schildkröte trotz Wärme, ausreichender Helligkeit und UV-Licht nicht anfängt zu fressen, sollte man sofort einen Reptilienfachtierarzt aufsuchen.
Keinesfalls sollte hier tagelang gewartet werden, in der Hoffnung, dass die Symptome von selbst verschwinden. Auch sollte, wie leider schon häufig beobachtet, nicht versucht werden, in Internetforen nachzufragen. Das kostet nur wertvolle Zeit, denn nur ein Reptilienfachtierarzt kann vor Ort eine sichere Diagnose stellen.

Die Auswinterung bei der Kühlschranküberwinterung verläuft ähnlich, wie zuvor beschrieben. Die Steppenschildkröten spüren auch im Kühlschrank das nahende Frühjahr und werden in der Regel unruhig. Die Auswinterung erfolgt recht einfach, indem nämlich der Kühlschrank über Nacht ausgeschaltet wird, sodass die Temperaturen innerhalb des Kühlschrankes bis zum Morgen etwa auf 12 °C ansteigen. Befindet sich der Kühlschrank in Wohnräumen, kann jetzt einfach die Kühlschranktür geöffnet bleiben. Andernfalls werden die Überwinterungskisten in ein warmes Zimmer mit Raumtemperatur um die 20 °C gebracht. Dort werden die Steppenschildkröten recht schnell munter und können in ihre Übergangsterrarien oder in die beheizten Frühbeete, Gewächshäuser oder Schildkrötenhäuser verbracht werden.

Auch hier müssen sofort die Wärmelampen und die Beleuchtung eingeschaltet werden. Oftmals wird für mediterrane Landschildkröten empfohlen, diese langsam über mehrere Tage an die wärmeren Temperaturen zu gewöhnen. Dies trifft aber für die Steppenschildkröte nicht zu. Sie braucht unverzüglich ihre Wärme. Auch in den Habitaten der Steppenschildkröten hält von heute auf morgen der Frühling mit sommerlichen Temperaturen Einzug. Dies müssen wir unseren Tieren ebenfalls bieten. Das weitere Procedere nach der Auswinterung aus dem Kühlschrank ist das gleiche, wie zuvor beschrieben.

Da Steppenschildkröten zu den wechselwarmen Tieren gehören, sind sie auf äußere Zufuhr von Wärme (Sonne, Wärmelampen) angewiesen. Das jahres- und tagesrhythmische Verhalten der Steppenschildkröten hängt von der Wärmezufuhr und Lichtintensivität ab.

Die Schildkröten suchen vor kühlen Nächten Schutz in selbst gegrabenen Höhlen oder in ihren Schutzhäusern. Wenn die Morgensonne die Frühbeete, Gewächshäuser oder Schildkrötenhäuser erwärmt, kommen sie langsam aus ihren Schlafplätzen hervor, um Wärme aufzunehmen. Sie legen sich unter die Wärmelampen. Wenn es die Witterung zulässt, genießen sie im Freigehege die ersten Sonnenstrahlen, indem sie sich fast senkrecht an Steinen oder Grasbüschel gelehnt der Sonne zuwenden. Die Beine werden dazu weit aus dem Panzer gestreckt.

Die Körpertemperatur wird durch Aufsuchen von Sonnen- und Schattenplätzen reguliert.

Mit zunehmender Körpertemperatur fangen Steppenschildkröten an zu fressen und wandern durch das Gehege. Paarungen sind zu beobachten. Im März, April, Mai und Juni sind die Tiere am aktivsten. In diese Zeit fallen die Hauptpaarungszeit und die Eiablage.

Steppenschildkröten sind sehr neugierige Tiere. Sie sind sehr aktiv, wenn die Haltungsbedingungen stimmen. Zu kühl gehaltene Steppenschildkröten sind ruhiger und fressen zwar, aber nur, wenn Wärme und Lichtverhältnisse stimmen, kann man ihr Temperament erleben.

a

b

Steppenschildkröten beim Aufwärmen in der Sonne (a)

Eine Steppenschildkröte bei der Eiablage (b)

Steppenschildkröten sind sehr aktiv und klettern sehr gerne (c, d).

c

d

a

b

c

Sie sind dann neugierig, laufen, klettern und fressen Unmengen an Futter. Sie sind fast den ganzen Tag aktiv. Während der Mittagsstunden ruhen sie unter Büschen. An heißen Tagen wird die aktive Phase schon vor der Mittagszeit beendet, sie suchen Schattenplätze (Büsche, Höhlen) auf und bleiben dort, bis die Temperaturen wieder kühler werden.

Je nach Temperatur wird die Ruhezeit gegen 15 Uhr beendet. Die Tiere werden wieder aktiver und fressen, klettern oder wandern durch ihr Gehege. Am späten Nachmittag wenden sie sich in Richtung Frühbeet, Gewächshaus oder Schildkrötenhaus, um die Höhlen bzw. Verstecke für ihr Nachtquartier aufzusuchen.

Einzelne Steppenschildkröten sind im Hochsommer bis 20 Uhr aktiv, die meisten aber um 19 Uhr in ihren Schlafhäusern oder Höhlen versteckt.

Um an Lieblingspflanzen zu kommen, strengt man sich an (a)!

Während der Mittagshitze ruhen Steppenschildkröten gerne unter Sträuchern (b).

Steppenschildkröten bevorzugen Sonnenplätze mit nahegelegenen Versteckmöglichkeiten (c).

Steppenschildkröten sind tagsüber bei einer Temperatur bis 28 °C im Gehege anzutreffen. Bei höheren Umgebungstemperaturen ruhen sie im Schatten. Aus feldherpetologischen Untersuchungen ist eine beachtliche Ortstreue nachgewiesen (Paraskiv 1956). In meiner Anlage finden die Schildkröten ohne Probleme ihr Schildkrötenhaus, auch übernachten sie meist im gleichen Schlafhaus.

Viele meiner Tiere benutzen fast immer die gleichen Wege, um an ihre Sonnenplätze, Höhlen oder ins Schildkrötenhaus zu gelangen. Verstellt man ihre gewohnten Wege, reagieren sie gestresst, laufen an dem Hindernis aufgeregt hin und her und versuchen, es zu überklettern.

Im Laufe der Jahre konnte ich beobachten, dass jede Steppenschildkröte ihre Eigenarten hat. Manche sind sehr lebhaft, andere ruhiger und scheuer. Männliche Steppenschildkröten sind im Ganzen lebhafter als weibliche Tiere, sie sind in den Frühlingsmonaten sehr lauffreudig und immer auf der Suche nach paarungswilligen Weibchen. In dieser Zeit können die Männchen sehr aggressiv sein und die Weibchen sehr bedrängen.

Erkundungsgänge im Freigehege

Auch Steppenschildkrötenweibchen können sehr aggressiv sein.

Die Tiere haben alle ihre Lieblingsplätze zum Sonnen, Ruhen und Schlafen. Die meisten meiner Tiere sind gesellig und es sind immer mehrere Schildkröten zusammen an einem Platz anzutreffen. Es macht Freude, sie zu beobachten und ihr Verhalten genau kennenzulernen. Kleine Veränderungen in ihrem Verhalten können oft schon ein Hinweis auf eine Krankheit sein. Nicht immer gibt es äußere Anzeichen für eine Krankheit, aber das Verhalten kann – wenn man seine Tiere gut kennt – frühzeitig anzeigen, dass etwas nicht stimmt.
Den Jahresrhythmus muss man auch bei medizinischen Behandlungen – insbesondere bei der Entwurmung – beachten. Im Mai bzw. Juni ist die beste Zeit für Kotuntersuchungen. Falls notwendig, kann man die Tiere dann noch vor der Vorbereitungszeit auf die Sommerruhe bzw. Winterstarre entwurmen.

Ab Juli bzw. August ändert sich das Verhalten der Steppenschildkröten: Sie werden ruhiger, fressen weniger und nehmen jetzt gerne getrocknete Wildkräuter, Heu und Gras zu sich. Die aktive Zeit ist jetzt bei meinen Tieren früh morgens und am späten Nachmittag. Paarungen sind sehr selten. Es wird mehr Zeit in den Höhlen und im Schatten unter Sträuchern verbracht. Ab Ende August beginnen meine Steppenschildkrötenmännchen sich wieder mit den Weibchen zu paaren. Diese Paarungen sind bei meinen Tieren nicht ganz so aggressiv wie die Frühjahrspaarungen. Viele meiner Tiere fressen jetzt fast nichts mehr. Die aktive Zeit verbringen sie mit Sonnen und Ruhen.

Diese Steppenschildkröte genießt die Herbstsonne.

Ab Mitte September stellen meine Tiere das Fressen ein, egal wie sonnig und warm die Monate September oder Oktober sind.
Ende September wiege ich alle Tiere nochmals und schaue mir meine Tiere erneut genau an. Gegen Mitte Oktober haben sich fast alle Schildkröten vergraben. Ende Oktober ist bei meinen Tieren das aktive Jahr zu Ende. Sie beginnen ihre Winterstarre.

Jahresverlauf in der Übersicht

Januar	Winterstarre
Februar	Winterstarre
Ende Februar	die Steppenschildkröten erwachen
März	Fressen, Paaren, Sonnen, Steppenschildkröten sind sehr aktiv
April	erste Eiablage, Paarungen, Steppenschildkröten sind sehr aktiv
Mai	Eiablagen, Paarungen, Steppenschildkröten sind sehr aktiv
Juni	ab Mitte des Monats ist die Eiablage meist beendet, Paarungen, Steppenschildkröten sind aktiv, ruhen jetzt über die Mittagszeit
Juli	Fressverhalten ändert sich, Steppenschildkröten werden ruhiger
Ende Juli – September	Schlupf der kleinen Nachzuchten
August	Steppenschildkröten werden ruhiger, gefressen wird deutlich weniger
September	Paarungen sind wieder zu beobachten, Steppenschildkröten fangen an, sich auf die Winterstarre vorzubereiten, es wird kaum noch was gefressen
Oktober	kaum noch Aktivitäten, bis Ende des Monats sind die meisten Steppenschildkröte in der Winterstarre
November	Winterstarre
Dezember	Winterstarre

18. Krankheiten der Steppenschildkröten

Viele gesundheitliche Probleme lassen sich auf Haltungs- und Fütterungsfehler zurückführen.
Dennoch können Steppenschildkröten trotz artgerechter Haltung erkranken. Deshalb sollte man sich rechtzeitig einen schildkrötenerfahrenen Tierarzt suchen und nicht erst dann, wenn eine Steppenschildkröte krank ist.

Ich möchte das Thema Schildkrötenkrankheiten nur kurz beschreiben, da kranke Tiere schnellstens von einem Tierarzt behandelt werden sollten.
Wenn man sich für das Thema Schildkrötenkrankheiten interessiert, besteht die Möglichkeit, sich durch entsprechende Literatur, die auch für Laien verständlich ist, zu informieren.

Eine gesunde Steppenschildkröte bereitet viel Freude mit ihrem neugierigen, aufgeweckten Verhalten. Steppenschildkröten sind in ihrer aktiven Zeit sehr lebhaft und immer auf der Suche nach etwas Fressbarem. Die Tiere sollten genau beobachtet werden. Jede Verhaltensänderung oder ein Gewichtsverlust kann Anzeichen einer beginnenden Krankheit sein. Das Gewicht einer Steppenschildkröte sollte monatlich kontrolliert und notiert werden. Bei Schlüpflingen und Jungtieren rate ich zum 2-wöchigen Wiegen.
Gesunde Steppenschildkröten laufen kraftvoll und waagerecht. Ihre Augen sind klar, rund und offen. Die Nasenlöcher sind frei und trocken. Die Haut sollte trocken und ohne Verletzungen sein. Besonders bei Jungtieren lösen sich durch Häutung große Hautfetzen an Kopf und Hals. Der Panzer ist fest, bei Jungtieren ist der Bauchpanzer noch elastisch. Die Kloake sollte ohne Verletzungen und trocken sein. Der Kot ist fest und geformt und hat – je nach Nahrung – eine dunkelbraune oder dunkelgrüne Farbe. Der Urin ist flüssig und farblos mit einem weißen breiigen Anteil, den sogenannten Uraten (Harnsäure).

Die Verdauung ist von der Umgebungstemperatur und der Qualität des Futters abhängig. Ist die Umgebungstemperatur ungenügend, wird der Verdauungsprozess gestört, er kann sich zu lange hinziehen, oder es kommt zu unvollständiger Verarbeitung im Darm. Das kann man bei Steppenschildkröten beobachten, die zu kalt gehalten oder auch, wenn sie mit Obst ernährt werden. Wird die Steppenschildkröte faserstoffreich ernährt, stimmt Umgebungstemperatur, ist der Kot fest und geformt. Im Kot sind dann Fasern erkennbar.

Stress, keine artgerechte Ernährung und zu viele Tiere auf zu engem Raum können einen Massenbefall mit Parasiten begünstigen. Parasiten dürfen nicht unterschätzt werden. Die Tiere werden durch Parasiten geschwächt und dann für andere Krankheiten empfänglicher.
Auch ein Wurmbefall wird oftmals nicht ernst genug genommen. Sehr oft hört man das Argument: „In der Natur leben die Schildkröten auch mit Parasiten" (Wurmbefall). Bei uns leben die Schildkröten jedoch nicht in der Natur, sondern in Gehegen mit einem häufig zu hohen Tierbesatz auf zu engem Raum.
Gefährlich werden können Madenwürmer (Oxyuren), Spulwürmer (Ascariden), aber auch Flagellaten. Bei den Flagellaten sind Hexamiten für Schildkröten besonders gefährlich und müssen immer behandelt werden.
Die Parasiten können in Kotproben von einem schildkrötenerfahrenen Tierarzt festgestellt und behandelt werden. Man sollte mindestens zweimal im Jahr eine Kotprobe auf Parasiten untersuchen lassen. Der beste Zeitpunkt, den Kot einer Steppenschildkröte untersuchen zu lassen, ist Ende Mai oder Anfang Juni. Wird ein Befall festgestellt, hat man ausreichend Zeit, vor der Winterstarre die Steppenschildkröte mehrmalig behandeln zu lassen.
Auch eine Kotprobe, die etwa 4 Wochen nach dem Beenden der Winterstarre überprüft wird, ist zu empfehlen.

a

Die nachstehenden Fotos von Kot bzw. Urin zeigen, dass der Gesundheitszustand nicht in Ordnung ist. Ein schildkrötenerfahrenen Tierarzt muss unbedingt aufgesucht werden.

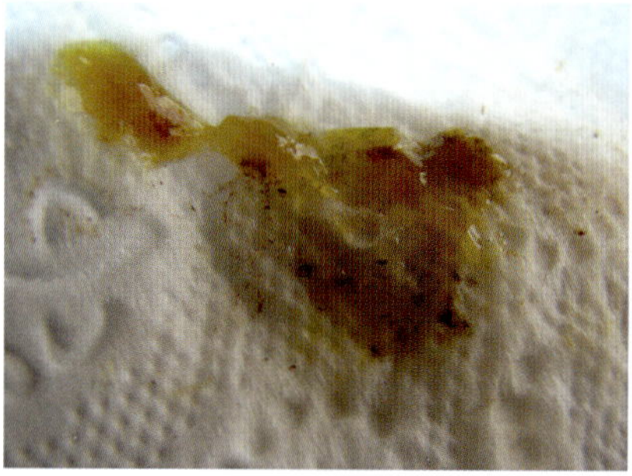
b

c

Gelblich-rötliche Urate deuten auf ein Nierenleiden hin (a).

Verfärbte schleimige Ausscheidungen (b)

Kot mit Oxyuren-Würmer (c)

Spulwürmer (Ascariden) (d),
Foto: Claudia Schürch-Bischoff

Weicher Kot infolge falscher Ernährung (e)

d

e

Quarantäne

Neuerwerbungen oder in Pflege genommene Schildkröten dürfen nicht in einen bestehenden gesunden Bestand gesetzt werden. Auch Schildkröten, die vermeintlich gesund aussehen, können eine Krankheit in sich tragen. Nicht alle Krankheiten kann man Schildkröten ansehen.

Falls Schildkröten in Pflege genommen werden, müssen sie vorerst in einem separaten Gehege gehalten werden.

Bei Neuzugängen ist eine lange Quarantäne von mindestens 1 Jahr einzuhalten. In dieser Zeit sollten Steppenschildkröten auf Herpes- und Ranaviren sowie auf Mykoplasmen getestet werden. Der Kot sollte mindestens zweimal auf Parasiten untersucht werden.

Das Quarantänegehege sollte am anderen Ende des Gartens liegen und so eingerichtet sein, dass sich Tiere über einen längeren Zeitraum wohlfühlen. Ein beheizbares Frühbeet darf nicht fehlen. Der Hygiene muss besondere Aufmerksamkeit geschenkt werden! Die Hände müssen gewaschen und die Schuhe gewechselt werden! Wasserschalen oder andere Einrichtungsgegenstände dürfen nicht für Ihren gesunden Bestand verwendet werden bzw. (wenn überhaupt) nur mit vorheriger Reinigung und Sterilisation.

Zunächst sollte immer erst der gesunde Bestand versorgt werden und am Schluss die Quarantänetiere.

Herpesvirus

Herpes wurde erstmals Anfang der 1980er Jahre erwähnt (Harper, Hammond & Heuschele 1982). Es handelt sich um eine oft tödlich verlaufende Infektionskrankheit, verursacht durch Schildkröten-Herpesviren. Es wurden inzwischen verschiedene Herpesstämme isoliert, die sich bezüglich ihrer Pathogenität unterscheiden. Wie schnell die Krankheit ausbricht, hängt vom Immunzustand des Tieres ab. Dies kann nach Tagen, Wochen oder erst nach 1 Jahr sein. Man kann einer

Schildkröte nicht ansehen, ob sie das Herpesvirus in sich trägt. Sie kann Herpesviren ausscheiden, ohne dass zuvor Anzeichen einer Krankheit auftreten. Deshalb sind Quarantäne und Untersuchungen auf Herpesviren sehr wichtig. Als Übertragungsweg gilt der direkte Kontakt von Tier zu Tier, aber auch deren Kot, Urin und Speichel. Ob es eine Übertragung vom Muttertier zum Ei gibt, ist noch nicht geklärt.

Erkrankte Tiere haben oft eitrige Beläge im Rachenraum, besonders auf der Zungenschleimhaut. Eine Infektion kann sich aber auch durch eine Lungenentzündung, Nasenausfluss, Appetitlosigkeit und Apathie äußern. Von Störungen des Zentralen Nervensystems, z. B. Im-Kreis-Laufen oder einer abnormen Kopfhaltung, wurde berichtet. Diese Schildkröten verenden qualvoll! Es kommt auch zu plötzlichen Todesfällen, bei denen zuvor keinerlei Symptome aufgetreten sind.

Herpesviren können mittels Bluttest, bei dem eine Antikörperbestimmung vorgenommen wird, nachgewiesen werden. Ein Rachenabstrich führt nur bei Tieren mit Symptomen zu einem Ergebnis.

Der beste Schutz vor einer Ansteckung ist eine angemessene Quarantäne und Blutuntersuchungen.

Wer einmal Herpestiere, die erkrankt sind, gesehen hat, oder wer schon durch das Herpesvirus Tiere verloren hat, wird niemals wieder ein Tier ohne ausreichend lange Quarantäne und mehrere Herpestests in eine bestehende gesunde Gruppe setzen. Nicht selten haben Schildkrötenhalter ihren Altbestand, den sie schon Jahrzehnte besaßen, durch Neuzugänge verloren.

Auch ein lebenslang einzeln gehaltenes Alttier ist kein Garant dafür, dass das Tier herpesnegativ ist. Das Virus kann schon Jahrzehnte in einer Schildkröte schlummern, ohne dass jemals ein Krankheitsanzeichen aufgetreten ist.

Bitte achten Sie daher bei allen Neuzugängen auf eine ausreichend lange Quarantäne und lassen Sie Ihre Tiere auf Herpesviren testen!

Eine der beiden Steppenschildkröten ist herpespositiv. Keiner Schildkröte kann man es ansehen, ob sie Virusträger ist oder nicht.

Ranavirus

Die Symptome ähneln der Herpesvirusinfektion. Die Tiere zeigen schwerste Maulentzündungen, Entzündungen der Augenlider und der Haut, Durchfälle und versterben sehr schnell.
Eine Ansteckung erfolgt über Neuzugänge. Auch hier kann mittlerweile durch Blutproben oder Abstriche die Erkrankung nachgewiesen werden. Todesfälle bei neu erworbenen Tieren sollten immer seziert und virologisch untersucht werden.

Virus X (Knochenerweichung)

Virus X betrifft meist Jungtiere. Über dieses Virus ist noch nicht viel bekannt. Es erkranken nur Jungtiere. Die Folge ist ein weicher Panzer. Die Jungtiere versterben recht schnell, aber sehr qualvoll.

Virus X – eine Erkrankung die Jungtiere betrifft

Durch Haltungsfehler verursachte Krankheiten

Fehlernährung durch zu weiche Kost führte zu einem Papageienschnabel.
Foto: Erhard und Gisela Schilling

Papageienschnabel

Durch weiches Futter können sich die Hornschneiden nicht richtig abnutzen. Durch faserstoffreiches Futter, welches sich die Steppenschildkröten im Gehege selbst suchen können, entstehen solche Haltungsfehler nicht.

Fettpolster bei Steppenschildkröten deuten auf eine Überernährung hin.

Verfettung/Fettleber

Steppenschildkröten fressen sehr viel, was sie in ihrem natürlichen Lebensraum auch müssen. In ihren natürlichen Habitaten ist die Nahrung aber sehr viel karger, und ab Ende Mai stehen ihnen dort nur noch trockene Pflanzen (ähnlich unserem Heu) zur Verfügung. Zudem müssen sie zur Futtersuche weite Wege zurückzulegen. Bei uns ist das Futter sehr reichhaltig, daher kann es bei unseren Steppenschildkröten zur Verfettung der Organe (Fettleber) und auch zu Gicht kommen.

Nierenerkrankungen

Häufig werden Landschildkröten in Tierarztpraxen vorgestellt, weil die Tiere unter Appetitlosigkeit, Inaktivität, krümeligen oder rötlichen/bräunlichen Uraten leiden. Einige Schildkröten können ihre Hinterbeine nicht mehr ausreichend belasten bzw. bewegen, ein Hinterherziehen der Gliedmaßen ist zu beobachten. Durch einen gestörten

Wasserhaushalt bilden sich um die Augen oder an den Hinterbeinen Ödeme (Wassereinlagerungen). Eine Untersuchung der Blutwerte führt dann oft zu dem Ergebnis einer Erkrankung der Nieren.
Die Ursachen einer Nierenerkrankung sind meist auf haltungsbedingte Fehler zurückzuführen. In erster Linie handelt es sich hierbei um Fütterungsfehler, z. B. in Form von zu eiweißreicher Nahrung. Das ständige Verfüttern von zu eiweißreichen Pflanzen oder gar tierischem Eiweiß führt zu einer Überproduktion von Harnsäure, die von den Tieren nicht mehr ausgeschieden werden kann. In der Folge kommt es zu Ablagerungen in der Niere und anderen Organen, aber auch in den Gelenken: eine Gicht entsteht.
Ebenso können Wassermangel bei zu trockener Haltung, eine zu kalte Haltung (Fehlen von Wärmelampen), schädigende Einflüsse von giftigen Substanzen (Düngemittel, giftige Pflanzen) und nierenschädigende Medikamente zu einer Nierenerkrankung führen. Auch ein Parasitenbefall (Hexamiten) kann ursächlich sein.
Erhöhte Harnsäurewerte begünstigen die Entstehung von Blasensteinen. Kann die Schildkröte nicht genügend Wasser aufnehmen, damit der Blasenstein ausgeschieden werden kann, führt dies zu einer schmerzhaften Schädigung der Niere.
Gerade bei Nierenerkrankungen ist ein frühzeitiges Erkennen und Behandeln der Krankheit von enormer Wichtigkeit, weshalb Halter auffälliger Schildkröten immer einen reptilienerfahrenen Tierarzt aufsuchen sollten.

a

b

Wassereinlagerungen (Ödeme) an den Hinterextremitäten deuten oft auf Nierenerkrankungen (Gicht) hin (a).

Blasenstein (b)

Erkältung, Schnupfen

Die Symptome einer Erkältung sind Atemgeräusche (Pfeifgeräusche), Atmung mit geöffnetem Maul, Bläschenbildung an Nase und Maul, Nasenausfluss (wässrig bis eitrig), geschwollene oder nasse Augen, geschwächtes Allgemeinbefinden, Appetitlosigkeit und Teilnahmslosigkeit.

Steppenschildkröten reagieren auf unseren feuchten Sommer sehr schnell mit einem Schnupfen. Aber auch andere Ursachen können verantwortlich sein: z. B. ein geschwächtes Immunsystem, Zugluft, Stress, Viren oder Bakterien.

Feuchte Nase (Schnupfen) bei Steppenschildkröten

Augenentzündungen

Die Augen sind verklebt, geschwollen oder tränen. Ursache können Reizungen, Fremdkörper, Entzündungen, Infektionen oder Viruserkrankungen sein.

a

b

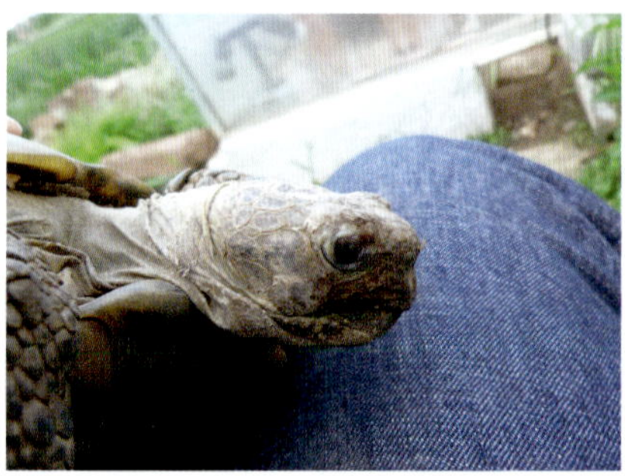

c

Auge mit Eiterbelag (a)

Fremdkörper im Auge (b), Foto:Dagmar Lerch

Bissverletzung am Auge durch Artgenossen (c), Foto: Dagmar Lerch

Fressunlust nach der Winterstarre

Fressunlust wird als „posthibernale Anorexie" oder als „PHA" bezeichnet. Durch zu hohe Überwinterungstemperaturen kommt der Fettstoffwechsel nicht vollständig zum Erliegen. Dadurch verbrauchen die Schildkröten Energie, die sie nicht in der Winterstarre ersetzen können. Während der Winterstarre nehmen sie weder Nahrung noch Flüssigkeit auf, setzen keinen Urin und Kot ab. Die Schildkröte verliert über die Haut und die Atmung auch in der Winterstarre Flüssigkeit. So reichern sich während dieser Zeit Stoffe an, die sonst in der aktiven Zeit mit dem Urin ausgeschieden werden. Eine erhöhte Harnsäurekonzentration im Blut ist die Folge. Das kann zu einer Schädigung der weißen Blutkörperchen führen, die für die Immunabwehr wichtig sind. Fängt eine Steppenschildkröte nicht innerhalb weniger Tage nach der Winterstarre an zu fressen, sollte sie sofort einem schildkrötenerfahrenen Tierarzt vorgestellt werden.
Dem Erwachen der Steppenschildkröten aus der Winterstarre sollte man besondere Aufmerksamkeit schenken. So kann man frühzeitig erkennen, ob gesundheitliche Probleme bei dem Tier vorliegen.

Legenot

Eine Legenot kann durch viele Faktoren entstehen, z. B. durch fehlende oder unzureichende Eiablageplätze, durch ungeeigneten Boden (zu nass oder zu trocken), durch fehlende Bedeckung (Pflanzen), die Temperaturbedingungen stimmen nicht (zu kalt oder zu warm), Stress durch zu viele Tiere.
Eine Legenot kann aber auch von organischen Problemen des Weibchens (Verengung der Legeorgane, Entzündungen) oder von einem anderweitig schlechten Gesundheitszustand herrühren. Auch Probleme mit den Eiern (zu groß oder deformiert) sind bekannt.
Beim Verdacht auf eine Legenot sollte man dies sofort von einem Reptilienfacharzt abklären lassen. Bei einer Legenot muss auch immer

die Haltung kritisch überdacht werden. Die Symptome einer Legenot können variieren. Die Tiere sind oft unruhig und stellen das Fressen ein. Werden sie inaktiv und ziehen die Hinterbeine hinter sich her, ist höchste Eile geboten.

Blutungen, Bissverletzungen

Häufiger sieht man blutige, offene Stellen an den Weichteilen (Kopf, Beine) oder am Panzer. Ursachen sind oft Paarungsverletzungen und Kämpfe untereinander, aber auch Bissverletzungen durch andere Tiere, z. B. Hunde, Ratten, Marder oder Krähen.

Durch Artgenossen können Steppenschildkröten heftige Bissverletzungen davontragen, meist sind alle Weichteile (Kopf, Beine) betroffen. Steppenschildkröten sind aggressiver als *Testudo*-Arten.

Hier ist der Halter gefordert! Zu aggressive Tiere müssen zeitweise getrennt werden.

Bissverletzung mit Hornschuppenverlust

Bisswunden im Nasenbereich kommen häufig bei Steppenschildkröten vor.

Panzernekrosen

Nekrosen sind oberflächige oder tiefergehende Entzündungen des Panzers. Meist sind nur die Hornschilde betroffen. Die Entzündungen können, falls unbehandelt, aber auch in den Knochenpanzer übergehen, sogar in die Leibeshöhle durchbrechen und so zum Tod der Schildkröte führen. Durch Verletzungen, aber auch durch zu feuchte Haltung, können Nekrosen entstehen, die am Bauch- und Rückenpanzer auftreten. Häufig werden diese Veränderungen am Panzer übersehen, weil viele Halter ihre Tiere selten in die Hand nehmen und den Panzer nicht genau kontrollieren. Panzerveränderungen sollten immer einem Reptilienfachtierarzt gezeigt werden.

Massive Panzernekrose

Panzererweichung oder Verformung

Der Panzer fühlt sich sehr weich an, eventuell kommt es zu Verformungen im Panzerwuchs. Ursachen sind ein Mangel an Kalzium in der Nahrung oder bei der UV-Versorgung, aber auch ein Parasitenbefall (Würmer, Flagellaten) oder andere Krankheiten. Jungtiere sind bis zu einem Alter von 1 Jahr am Plastron elastisch. Wird der Panzer von Jungtieren weich, sollte man unverzüglich einen reptilienerfahrenen Tierarzt aufsuchen.

Steppenschildkröte mit einer rachitischen Panzerdeformation, Foto: Dagmar Lerch

Viele Krankheiten können durch eine optimale Haltung und Ernährung vermieden werden. Sollten dennoch Probleme bei Ihren Tieren auftreten, rate ich zum sofortigen Tierarztbesuch.

Die Steppenschildkröte wird derzeit häufig der Gattung *Testudo* zugeordnet.
Allerdings ist die Zuordnung in Fachkreisen immer wieder umstritten, sodass sie auch als *Agrionemys* bezeichnet wird.
Sie wurde erstmals 1844 von JOHN EDWARD GRAY wissenschaftlich als *Testudo horsfieldii* beschrieben.

Die Steppenschildkröte ist nach dem Washingtoner Artenschutzabkommen in Anhang II geschützt. Die Artenschutzverordnung der Europäischen Union listet diese Art in Anhang B. Daraus folgt, dass die Schildkröte nur mit einem lückenlosen Herkunftsnachweis den Besitzer wechseln darf. Im Herkunftsnachweis muss genau ausgewiesen sein, wo und wann die Schildkröte nachgezüchtet wurde.
Die Vermarktung einer Steppenschildkröte ist zulässig, wenn diese nach den Rechtsvorschriften erworben oder sofern diese aus dem Ausland legal eingeführt wurde. Somit ist der Ausnahmetatbestand gegeben, wenn das Tier rechtmäßig in Deutschland gezüchtet, künstlich vermehrt oder innerhalb der Europäischen Gemeinschaft der Natur entnommen und in die Europäische Gemeinschaft eingeführt wurde.

Die Tiere sind bei der örtlich zuständigen Artenschutzbehörde meldepflichtig. Dies ist in der Regel die Untere Naturschutzbehörde bzw. Untere Landschaftsbehörde der Stadt bzw. des Landkreises, in dem das Tier gehalten wird.
Werden die Tiere nicht ordnungsgemäß bei der zuständigen Behörde an- oder auch abgemeldet, liegt z. B. keine Vermarktungsgenehmigung für das Tier oder gar ein Zuchtverbot vor, oder ist das Tier illegal in die Bundesrepublik Deutschland eingeführt worden, macht sich der Halter der Schildkröte strafbar. Gleiches gilt auch, wenn er die Schildkröte in Unkenntnis dieser gesetzlichen Bestim-

mungen gekauft oder übernommen hat. Die Behörde kann ganz empfindliche Strafen bzw. Bußgelder gegen den Halter einer illegalen Schildkröte verhängen. Außerdem kann das Tier beschlagnahmt und dem Halter entzogen werden.

Obwohl die Steppenschildkröte in ihren Heimatländern als wenig bedroht angesehen wird, stufte die IUCN (International Union for Conservation of Nature) die Steppenschildkröte als „vom Aussterben bedroht" ein. Leider wird die Steppenschildkröte auch heute noch in ihren Heimatländern für den Export in Drittländer oder zur Nachzucht für einheimische Ranching-Farmen in großer Stückzahl abgesammelt. Die Entnahme aus der Natur, aber vor allen Dingen die Umwandlung des Lebensraums der Tiere in landwirtschaftlich genutzte Flächen führt in vielen Regionen der Heimatländer zu einem Einbruch der Populationsdichte und letztlich zu einem Aussterben der Populationen.

Taxon Information

Testudo horsfieldii Gray, 1844
Vierzehen-Landschildkröte

Schutz:
Washingtoner Artenschutzübereinkommen (WA)

Anhang.: II
EG-Verordnung 709/2010 (EG)

Anhang: B
Streng bzw. besonders geschützt nach BNatSchG (BG)

Status: b

Unterschutzstellung Erstlistung seit	20.6.1976
Besonders geschützt nach BNatSchG seit	31.8.1980

Wichtiges zusammengefasst

Die legale Herkunft der Tiere muss lückenlos nachgewiesen werden (Kaufvertrag, Schenkungsurkunde, Zuchtnachweis).

Das Tier muss bei der zuständigen Artenschutzbehörde angemeldet sein. In der Regel ist die Untere Naturschutzbehörde bzw. Untere Landschaftsbehörde Ihres Kreises/Ihrer Stadt für die Anmeldung zuständig.

Die gesetzlichen Bestimmungen und die Zuordnung der Schildkröten in die Schutzklasse können sich ändern. Informieren Sie sich daher bitte regelmäßig.

Zurzeit ist für die Steppenschildkröte keine EG-Bescheinigung (vormals CITES) notwendig. Ebenso wird keine Foto-Dokumentation benötigt, und es sind keine Transponder (Mikrochips) vorgesehen. Ich rate dennoch dazu, die Tiere in regelmäßigen Abständen zu fotografieren (z. B. jährlich). So kann man im Zweifelsfall belegen, dass es sich um seine eigene Schildkröte handelt, falls diese weggelaufen ist oder gestohlen wurde.

Fragen Sie bei der zuständigen Behörde an, welche Unterlagen Sie z. B. zur Anmeldung benötigen. Im Folgenden eine Liste möglicher Angaben:

- deutsche Artbezeichnung,
- wissenschaftliche Artbezeichnung,
- Schlupfdatum/Alter,
- Herkunft,
- Kopie des Herkunftsnachweises.

Tier ohne Herkunftsnachweis. Was passiert dann?

Das Tier wird beschlagnahmt und bei einem Halter mit ausreichender Sachkenntnis eingestellt. In der Regel verfügt die Behörde über entsprechende Kontakte.

Ich habe ein Tier gefunden. Was soll ich tun?

- Versorgen Sie das Tier zunächst artgerecht.
- Melden Sie das Tier bei der zuständigen Behörde Ihres Kreises/Ihrer Stadt als Fundtier, ggf. auch bei der Polizei, im Fundbüro oder Tierheim.
- **Wichtig:** Die zuständige Behörde entscheidet über die Weitergabe des Tieres an Dritte, nicht der Halter! Keinesfalls dürfen Sie das Tier weitergeben oder veräußern.
- Lässt sich der vermeintliche Besitzer ermitteln, lassen Sie sich die Papiere des Tieres zeigen. Halten Sie ggf. vor Weitergabe des Tieres Rücksprache mit dem zuständigen Sachbearbeiter der Behörde.
- Falls sich der Besitzer nicht ermitteln lässt (z. B., weil das Tier nicht gemeldet war), bieten Sie der Behörde an, das Tier bei sich zu pflegen, falls Sie dies möchten und über die nötigen Kenntnisse sowie genug Platz verfügen. Ansonsten wird die zuständige Behörde entscheiden, wo das Tier unterkommt.

Wichtig: Das genaue Vorgehen sollten Sie immer im Vorfeld mit der zuständigen Artenschutzbehörde klären.

Danksagung

Bedanken möchte ich mich ganz besonders bei meinem Mann für seine Geduld und seine Unterstützung für mein Hobby. Ferner möchte ich allen danken, die mir geholfen haben, dass dieses Buch entstehen konnte.

Meiner Freundin Dagmar Lerch danke ich für ihre kritische Durchsicht des Manuskripts und Verbesserungsvorschläge. Meiner Freundin Claudia Schürch-Bischoff danke ich sehr für ihre wunderschönen, detailgetreuen Zeichnungen.

Außerdem danke ich Hans - Dieter Philippen für die vielen fachlichen Gespräche und Informationen. Thorsten Geier danke ich für sein entgegengebrachtes Vertrauen und das Veröffentlichen meines Buches.

Für die Bereitstellung ihrer Bilder und das Anfertigen von Fotos von ihren Tieren und Schildkrötengehegen, danke ich ganz herzlich Werner Pfeiffer, Erhard und Gisela Schilling, Hermann und Iris Jacob, Markus Auer, Hans - Dieter Philippen, Claudia Schürch-Bischoff, Stefan Bauer, Thorsten Geier, Sieglinde und Otto Übel sowie Dagmar Lerch.

Für die wunderschönen Habitatsaufnahmen danke ich besonders Max Berger, Robert Huber, Martin Brunner, Prof. Dr. Dieter Seitzer, Valerie Arent, Michael Bertram und Klaus Rudloff.

Verwendete und weiterführende Literatur

ADAM, W. (1993): Überwinterung von europäischen Landschildkröten in einem Kühlschrank. – elaphe N.F., Rheinbach, 1(4): 13–14

ALTMANN, H. (2003): Giftpflanzen, Gifttiere. – BLV Verlagsgesellschaft mbH, München Wien Zürich, 159 S.

ANNANDALE, N. (1906): Notes on the Indian tortoises. – J. Asiat. Soc. Bengal, 2: 203–206

ANANJEVA, N.B., BORKIN, L.Y., DAREVSKY, I.S. & ORLOV, N.L. (1998): Entsiklopediya Prirody Rossii: Zemnovodnye i Presmykayushchiesya [Encyclopedia of Nature of Russia: Amphibians and Reptiles]. – Moscow: ABF Publ., 574 S.

ASHLEY, L.M. (1982): Laboratory Anatomy of the Turtle. – WM. C. Brown Company Publishers, Dubuque, Iowa, USA

ATAEV, C.A. (1985): Reptiles of the autonomous republic of Turkmenistan (Translation by B. Farkas 1997). – Chelonian Conservation & Biology, 2(4): 627–634

AUER, M. (2006): Reisebericht Iran. – Internes Zirkular beim *Horsfieldii*-Workshop Stuttgart (11.11.2006)

BASHANOW, W.S. (1928): *Testudo horsfieldii* GRAY, Im Flusstal der Ssamarka (Gour Ssamara). – Zool. Anzeiger, 76: 145–146

BAUR, M. (1997): Physiologie und Pathologie der Fortpflanzung bei Schildkröten. S.:141–165. – In: ARTNER, H. & E. MEIER (Hrsg.): Schildkröten Symposiumsband. – Natur und Tier - Verlag Münster, 183 S.

BAUR, M. & FRIZ, T. (2009): Physiologie der Ruhehasen bei Reptilen, insbesondere Schildkröten, Teil 1 Winterruhe (Hibernation) – eine Literaturübersicht. – MARGINATA, 6(4): 48–56

BAUR, M. & FRIZ, T. (2010): Physiologie der Ruhehasen bei Reptilen, insbesondere Schildkröten, Teil 2: Trockenruhe (Ästivation) – eine Literaturübersicht. – MARGINATA, 7(2): 46–53

BAUR, M. & HOFFMANN, R.W. (2004): Winterruhe bei Europäischen Landschildkröten – Naturnahe, physiologische Vorbereitung und „Aufwachphase". – MARGINATA, 1(1): 48–54

BLAHAK, S. (1998): Herpes! Wie weiter? Oder: Der Stomatitis-Rhinitis-Komplex der Landschildkröten (Abstract, Vortrag gehalten auf der 8. nationalen Schildkrötentagung Schweiz). – Fachmagazin Schildkröte, Rothenfluh, 1(5): 60–61

BOGDANOV, O.V. (1960): Fauna Uzbekskoi SSR. I. Zemnovodnye I Pressykayushchiesya [Fauna of Uzbek SSR. I Amphibians and Reptiles]. – Tashkent: Acad. Sci. Uzbek SSR Pub., 260 S.

BOGDANOV, O.V. (1962): Presmykayushchiesya Turkmenii [Reptiles of Turkmenia]. – Ashkabad: Acad. Sci. Turkmenistan SSR Publ., 235 S.

BOGDANOV, O.V. (1965): Ekologiya Presmykayushchikhsya Srednei Azii [Ecology of Reptiles of Middle Asia]. – Tashkent: Nauka Publ., 259 S.

BONDARENKO, D.A. & PEREGONTSEV, E.A. (2006): Perspectives of study and protection of steppe tortoise in Uzbekistan. S.: 278–284. – Chelonii, Second Congrès International sur la Conservation des Chéloniens: Saly, Senegal. – Editions SOPTOM, 306 S.

BONDARENKO, D.A., PEREGONTSEV, E. A. & MUKHTAR, G. B. (2008): *Agrionemys horsfieldii (GRAY,* 1844) Populations in Landscapes of Southern Kazakhstan. – Russian Journal of Ecology, 39(3): 210–214

BONDARENKO, D.A., PEREGONTSEV, E. A. (2009): Peculiarties of landscape distribution of the Central Asia Tortoise, *Agrionemys horsfieldii*, in Iran (Reptilia: *Testudines*). – Zoology in the Middle East 48: 49–62

BONIN, F., DEVAUX, B. & DUPRÈ, A. (2007): Enzyklopädie der Schildkröten. – Edition Chimaira, Frankfurt am Main, 416 S.

BONNET, X., LAGARDE, F., HENEN, B.T., CORBIN, J., NAGY, K.A., NAULLEAU, G., BALHOUL, K., CHASTEL, O., LEGRAND, A. & CAMBAG, R. (2001): Sexual dimorphism in steppe tortoises (*Testudo horsfieldii*): influence of the environment and sexual selection on body shape and mobility. – Biol. J. Linn. Soc., 72(3): 357–372

BRAUNE, S., GEISS, V. & THIEL, W. (1989): Eine neue durch Herpesviren verursachte Erkrankung bei Landschildkröten. – Tierärztliche Praxis, 17: 416–419

BRIEMLE, G. (1997): Farbatlas Kräuter und Gräser in Feld und Wald. – Eugen Ulmer GmbH & Co, Stuttgart, 288 S.

BRUSHKO, Z.K. (1978): Reproduction of Central Asian tortoises in the Alm-Ata region. – Izv. AN Kaz. SSR, Ser. Biol. Nauk., 2: 16–22

BRUSHKO, Z.K. & KUBYKIN, R.A. (1980): Variability in the cornified scutes of the shell in *Testudo horsfieldii* in Kazakhstan. – Zool. Journal, 59(6): 870–874

BRUSHKO, Z.K. & KUBYKIN, R.A. (1982): Horsfield`s tortoise (*Agrionemys horsfieldii,* GRAY 1844) and the ways of its rational utilization in Kazakhstan. – Vertebrata Hungarica, 21: 55–61

CHERNOV, S.A. (1959): Fauna Tadzhikskoi SSR 18: Presmykayushchiesya [Fauna of Tajik SSR 18: Reptiles]. – Stalinabad: Inst. Zool. and Parasitol. Acad. Sci. Tajikistan Publ., 203 S.

CHIBILEV, A.A. (1999): Herpetofauna of Orenburgskaya Province and adjacent territories.- In Vtoraya Konferentsiya Gerpetologov Povolzhya: Tezisy Dokladov. Tolyatti: 56–57

CHKHIKVADZE, V.M. & BARKRADZE (2002): New tortoise subspecies from Dagestan. Trudy Instituta Zoologii Akademia Nauk Gruzii (Proceedings of the Zoology Institute of the Georgia Academy of Sciences), 21: 276–279

CHKHIKVADZE, V.M. (2009): Central Asiatic tortoises in Mongolia. – Problems in Desert Development (Ashgabat) 2009 (3/4):60–63

CHKHIKVADZE, V.M. (2008): *Agrionemys bogdanovi.* In: CHKHIKVADZE, BRUSHKO & KUBYKIN, R.A. (2008): A brief overview of the systematics of the Central Asian tortoise (*Testudinidae: Agrionemys*) and mobile shell zone in this group of turtles. – Selevinia (Almaty) 100–104

CHKHIKVADZE, V.M., AMIRANASHVILI, N.G. & ATAEV, C.A. (1990): A new subspecies of tortoise from southwestern Turkmenistan. – Izvestiya Akademii Nauk Turkmenskoi SSR, Seriya Biologicheskie Nauki, 1: 72–75

CHKHIKVADZE, V.M., ATAEV, C.A.C., SHAMMAKOV, S. & ZATOKA (2009): *Agrionemys kazachstanicakuznetzovi.* – In: Chkhikvadze, Ataev & Shammakov: New taxons of Central Asian tortoises (*Testudinidae: Agrionemys bogdanovi* and *A. kazachstanica kuznetzovi).* – Problems in Desert Development, Ashgabat, 2009(1/2): 49–54

CHKHIKVADZE, V.M., BONDARENKO, D. A. & SHAMMAKOV, S. (2010): Shell Morphology of Central Asian Tortoise (*Agrionemys horsfieldii*) in southeastern Turkmenistan and northern Iran and Taxonomic Status of Agrionemys Genus. – Modern Herpetology 10(1/2): 40–46

COOPER, E.L., GSCHMEISSNER, S. & BONE, R.D. (1988): Herpes-like virus particles in necrotic stomatitis of tortoises. – The Veterinary Record, 123: 554

CREWS, D., LOU, W., FLEMING, A. & OGAWA, S. (2006): From gene networks underlying sex determination and gonadal differentiation to the development of neural networks. – Brain Research, 1126: 109–121.

DATHE, F. (1976): Beobachtungen der Überwinterung einer Steppenschildkröte, *Agrionemys horsfieldii*, im Freiland. – Aquarien Terrarien, 23(11): 384.

DAUBNER, M. & VINKE, T. (2006): Sonderband Schildkröten im Fokus, *Testudo* Häufig gehaltene Arten. – Dauvi-Verlag, Bergheim, 160 S.

DE LAPPARENT DE BRION, F. (2000): Les chélonienes de Sansan.- In: Ginsburg, L.(Ed.): La faune miocène de Sasan et son evironnement.- Mémoires du Muséum national d'Histoire Naturelle, Paris, 183:219-261.

De Lapparent De Brion, F. (2006a): African chelonians from the Jurassic to the present. A preliminary catalog of the African fossil chelonias. - Palaeontologia Africana, Johannesburg, 36: 43- 82.

De Lapparent De Brion, F., R. Bour, J.F. Parham & J. Perälä (2006b): Eurotestudo, a new genus for the species *Testudo hermanni* Gmelin 1789 (Chelonii, Testudinidae). Comptes Rendus Palevol, 5 (6): 803- 811.

Dennert, C. (2001): Ernährung von Landschildkröten. – Natur und Tier - Verlag, Münster, 144 S.

Eggenschwiler, U. (1999) Die Vierzehenschildkörte (*Testudo horsfieldii*). – SIGS Merkblatt Nr. 9: 4 S.

Eggenschwiler, U. (2000): Die Schildkröte in der tierärztlichen Praxis. – Schöneck Verlag, 150 S.

Ernst, C.H. & Barbour R.W. (1989): Turtles of the Word. – Smithsonian Inst. Press, Washington, D.C and London, 313 S.

Fritz, C. & Pfau, B. (2002): Pflege und Vermehrung der Steppen- oder Vierzehnschildkröte *Testudo horsfieldii*. – Radiata, 11(4): 21–41

Fritz, U. & Bininda-Emonds, O.R.P. (2007): When genes meet nomenclature: Tortoise phylogeny and the shifting generic concepts of *Testudo* and *Geochelone*. – Zoology, Dresden, 57(2): 149–368

Fritz, U. & Kraus, O. (2008): Comments on *Chersine* Merrem, 1820 and *Chersina* Gray, 1831: a nomenclatural survey by Bour & Ohler, Zootaxa, 1752: 66-68".- Zootaxa, Auckland, 1893: 65–68

Fritz, U., Auer, M., Chirikova, M. A., Duysebayeva, T. N. Eremchenko, V. K., Kami, H. G., Kashkarov, R. D. Masroor, R., Moodley, Y., Pindrani, A., Široký, P. Hundsdörfer, A. K. (2009): Mitochondriale Diversität der weit verbreiteten Zentralasiatischen Steppenschildkröte (*Testudo horsfieldii*, Gray, 1844): Auswirkungen für die Taxonomie und das Auswildern von beschlagnahmten Schildkröten. – Amphibia-Reptilia, 30(2): 245–257

Frolov, W.J. et al. (1997): Studien zur Ökologie der zentralasiatischen Landschildkröten (*Agrionemys horsfieldii* Gray, 1844). – Schildkröten, 1997(4)

Geier, T. (2008): Fester Panzer - weiches Herz, Ein Ratgeber zur naturnahen Haltung von Europäischen Landschildkröten. – 2. vollständig überarbeitete und erweiterte Auflage, Kleintierverlag, Biebertal, 175 S.

Geier, T. (2012): Überwinterung europäischer Landschildkröten. – Marginata Nr. 36, 9(4): 42-53

Geier, T. (2013): Winterstarre bei Europäischen Landschildkröten, Naturnahe Vorbereitung und erfolgreiche Überwinterung. – Kleintierverlag, Biebertal, 184 S.

GMIRA, S. (1993): Une nouvelle espèce de tortue Testudininei (*Testudo kenitrensis* n. sp.) de l'inter Amirien- Tensiftien de Kénitra (Maroc). – Comptes Rendus de l'Académie des Sciences, Sèrie II, Paris, 316: 701–707

GMIRA, S. (1995): Étude des Chéloniens Fossiles du Maroc- Anatomie. Systématique, Phylogénie. – Cahiers de Paléontologie, Paris (CNRS Èditions), 140 S.

GIEBNER, I. (1989): Pflege und Zucht der Steppenschildkröte (*Agrionemys horsfieldii*). – elaphe, Berlin-Ost, 11(3): 42–46

HÄBICH, M. (2006): Die Haltung der Steppenschildkröte, *Testudo horsfieldii* - mit den richtigen Parametern nicht so kompliziert, wie mancher denkt! S.: 59–68. – Schildkröten im Fokus – Sonderband, Dauvi Verlag, Bergheim, 160 S.

HARPER, P.A.W., HAMMOND, D.C. & HEUSCHELE, W.P. (1982): A herpesvirus-like agent associated with a pharyngeal abscess in a desert tortoise. – Journal of Wildlife Diseases, 18: 491–494

HEIDBRINK, S. (2009): Futterpflanzen für Schildkröten und Echsen. – Dr. med. vet. Heidbrink Verlag, Münster, 71 S.

HEMPEL, W. (1988): Haltung und Nachzucht von Agrionemys horsfieldii. – elaphe, Berlin-Ost, 10(2): 21–22

HENNEN, U. (2000): Optimierung von Freilandanlagen für europäische Landschildkröten. – RADIATA, Haan, 9(1): 9–16

HERZ, M. & AUER, M. (2007): Die Landschildkröten des Iran – Steppenschildkröten in Persien. – MARGINATA, 8(4): 56–60

HNÍZDO, J. & PANTCHEV, N. (2011): Tierarztpraxis Schildkröten, Chimaira: 559 S.

HITSCHFELD, E., AUER, M. & FRITZ, U. (2008): Phalangeal formulae and otogentic variation of carpal morphology in *Testudo horsfieldii* and *T. hermanni.* - Amphibia-Reptilia, Leiden, 29(1): 93-99

JASSER-HÄGER, I. & WINTER, A. (2007): Ergebnisse des Inkubationsprojektes für Landschildkröten von 2002 bis 2007. – RADIATA, 16(3): 2–41

KABISCH, D. & FROST, J.W. (1994): Isolation of herpesvirus from *Testudo hermanni* and *Agrionemys horsfieldii.* – Verh. Ber. Erkrg. Zootiere, Berlin, 36: 241–245.

KABISCH, K. (2001): Bastardisierung von *Testudo horsfieldii* GRAY, 1844 und *Testudo graeca ibera* PALLAS, 1814. – Sauria, Berlin, 23(2): 7-11

KAMI, H.G. (1999): On the biology of the Afghan Tortoise, *Testudo horsfieldii*, in northeastern Iran (Reptilia: Testudines). - Zoology in the Middle East, 19: 43–54

Khan, M.S. (2006): Bemerkungen zu Morphologie, Biologie und Verbreitung der Belutsch-Schildkröte (*Agrionemys horsfieldii baluchiorum*, Annandale, 1906). – Marginata, 2(4): 36–42

Khozatsky, L.I. & Mlynarski, M. (1966): *Agrionemys* – nouveau genre de tortue terrestris (Testudinidae). – Bull. Acad. Polonaise Sci. 14: 123–125

Kirschay, T. (1995): Pflege und Nachzucht der Steppenschildkröte. – DATZ 1995(7): 358–359

Kirsche, W. (1971): Zur Pflege und Zucht der Steppenschildkröte, *Testudo horsfieldii* Gray. Teil 1–4. – Aquarien Terrarien, Leipzig, 18(3): 84–86; 18(4): 118–120; 18(5): 158–160; 18(6): 198–200

Kirsche, W. (1998): Die Landschildkröten Europas, Biologie, Pflege, Zucht & Schutz, Mergus Verlag,: 104 S.

Köhler, G. (1997): Inkubation von Reptilieneiern.- Grundlagen, Anleitungen, Erfahrungen. – Herpeton Verlag, Offenbach,: 204 S.

Kölle, P. (2009): Die Schildkröte: Heimtier und Patient. – Enke Verlag Stuttgart, 270 S.

Kuzmin, S.L. (2002): The Turtles of Russia and Other Ex-Soviet Republics. – Chimaira Verlag, Frankfurt/M, 159 S.

Lagarde, F., Bonnet, X., Corbin, J., Henen, B. T., Nagy, K. A. & Naulleau, G. (2001): Sexual size dimorphism in steppe tortoises (Testudo horsfieldii): growth, maturity and individual variation. – Can J. Zool., 79: 1433–1441

Lagarde, F., Bonnet, X., Corbin, J., Henen, B. T., Nagy, K. A., Mardonov, B. & Naulleau, G. (2002): Foraging behavior and diet of an ectothermic herbivore *Testudo horsfieldii* (Testudinidae: *Agrionemys*). – Ecography, 26: 236–242

Lange, H., Herbst, W., Wiechert, J.M. & Schliesser, T. (1989): Elektronenmikroskopischer Nachweis von Herpesviren bei einem Massensterben von griechischen Landschildkröten (*Testudo hermanni*) und Vierzehenschildkröten (*Agrionemys horsfieldii*). – Tierärztliche Praxis, 17: 319–321

Le, M., Raxworthy, C.J., McCord, W.P. & Mertz, L. (2006): A molecular phylogeny of tortoises (Testudines: Testudinidae) based on mitochondrial and nuclear genes. – Molecular Phylogenetics and Evolution, 40(2): 517–531

Lee, D.S. & Smith, K. (2010): *Testudostan*: Our Post-Cold War Global Exploitation of a Noble Tortoise. – Bull. Chicago Herp. Soc. 45(1): 1–9

Mambetzhumaev, A.M. (1972): On the feeding of *Testudo horsfieldii* Gray in the lower reaches of the Amudarya and the adjacent Kyzylkum. – Nauchnye Doklady Vysshei Shkoly: Biologicheski Nauki, 5 (101): 23–28

Makeev, V.M., Bozhanski, A.T. & Frolov, V. E. Makeev, V. M. (1986): Distribution of the Central Asian Tortoise (*Agrionemys horsfieldii* Gray 1844) in the South of the Turkmen SSR. – Studies in Herpetology: 711–712

Marlow, R.W. & Tollestrup, K. (1982): Mining and exploitation of natural mineral deposits by the desert tortoise, Gopherus agassizii. – Animal Behavior 30: 475–478

Masroor, R. (2012): A Contribution to Herpetology of Northern Pakistan. – Chimaira, Frankfurt/M, 213 S.

Meyer, M. (2001): Schildkrötenernährung. – Praxisratgeber, Edition Chimaira, Frankfurt/M,128 S.

Michel, S. & Stöck, M. (1996): Untersuchungen zur Populationsdichte und -struktur der Steppenschildkröte *Agrionemys horsfieldii* (Gray, 1844) in der südlichen Kysyl-Kum (Usbekistan) (Reptilia: Testudines: Testudinidae). – Zool. Abh. St. Mus. Tierkde. Dresden, 49(4): 73–82

Minch, M. (2006): Praxis Ratgeber Freilandanlagen für Schildkröten. – Chimaira, Frankfurt/M, 158 S.

Minch, M. (2008): Handbuch der Futterpflanzen für Schildkröten und andere Reptilien. – Kirschner & Seufer Verlag, Karlsruhe, 350 S.

Mortchan, N. A. (1964): Antibiotic properties of the egg albumen of the steepe tortoise (*Testudo horsfieldi* Gray). – Vestn. Leningr. Univ. (15): 18-25.

Movchan, N. A. (1966): Fungicidal properties of the albumin of the eggs of the steppe tortoise *Testudo horsfieldi*. – Vestn. Leningr. Univ. Biol. 3(1): 59-69.

Movchan, N. A. (1976): Bacteria in the eggs of the steppe tortoise. – Vestn. Leningr. Univ. Biol., 9(2): 155–157.

Nöllert, A. (1987): Schildkröten. – Landbuch Verlag GmbH, Hannover, 190 S.

Obst, F.J. (1976): Ein siamesischer Zwilling bei der Vierzehen Landschildkröte (*Agrionemys horsfieldii*). – Aquarien Terrarien, 23(5/6): 174–175

Obst, F.J. (1985): Die Welt der Schildkröten. –Edition Leipzig, Leipzig, 236 S

Obst, F.J. (1988): Die Vierzehen- oder Steppenschildkröte (*Agrionemys horsfieldii*) – Beobachtungen aus Freileben und Terrarienpflege. –Zusammenfassung der Vorträge der DGHT Jahrestagung 1988, Hannover: 15-17

Ottis, K. (2001): Besprechung ausgewählter Krankheitsbilder anhand von Bildern aus der Röntgendiagnose: Verstopfung (Koprostase). – Schildkröten 1(2): 12–16

Paraskiv, K.P. (1956): Premykayushchiesya Kazakhstana [Reptiles of Kazakhstan]. – Alma-Ata: Acad. Sci. Kazakh SSR Publ., 228 S.

PARHAM, J.F., J.R. MACEY, T.J. PAPENFUSS, C.R. FELDMAN, O. TÜRKOZAN, R. POLYMENI & J.L. BOORE (2006): The phylogeny of Mediterranean tortoises and their close relatives based on complete mitochondrial genome sequences from museum specimens.- Molecular Phylogenetics and Evolution, 38 (1): 50-64.

PANOV, E.N. & GALICHENKO, M.V. (1980): On spatial organization of *Testudo horsfieldii* populations in Badkhyz. – Zoologichesky Zhurnal, 59(6): 875–884

PERÄLÄ, J. (2002): The genus *Testudo* (testudines: Testudindae): phylogenetic inference. - Chelonii, Gonfaron, 3: 32-39.

PHILIPPEN, H. - D. (2008): Die Kühlschrankmethode. Ein erprobtes, ideales Modell zur Hibernation (Winterstarre) oder Ästivation (Trockenruhe) von Schildkröten. – TERRARIA, (13), 5: 32–36

PHILIPPEN, H. - D. (2005): Die Vierzehenschildkröte (*Agrionemys horsfieldii).* – MARGINATA, 2(2): 10–15

PIEH, A. & PHILIPPEN, H.–D. (2007): Mediterrane Landschildkröten. – Draco, Münster, 8(4): 96 S.

PURSALL, B. (1998): Europäische Landschildkröten. – Bede Verlag Ruhmannsfelden, 96 S.

ROTH, L., DAUNDERER, M., KORNMANN, K., (1994): Giftpflanzen- Pflanzengifte – 4. Auflage, Verlagsgesellschaft AG &Co .KG, Landsberg, 1033 S.

SAID-ALIEV, S. A. (1979): Amphibia and reptiles of Tadzhikistan – „Donishe", Dushanbe

SASSENBURG, L. (1993): Massentransport von Landschildkröten – ein Fallbericht. – Verh. Ber. Erkrg. Zootiere, Berlin, 35: 151–154

SASSENBURG, L. (2000): Schildkrötenkrankheiten. – Bede Verlag, 96 S.

SHAMMAKOV, S. (1981): Presmykayushchiesya Ravninnogo Turkmenistana [Reptiles of the Plain Turkmenistan]. – Ashkhabad: Ylym Publ., 312 S.

SCHNELLER, P., PANTCHEV, N. (2008): Parasitologie bei Schlangen, Echsen und Schildkröten, Ein Handbuch für die Reptilienhaltung. – Chimaira, Frankfurt/M, 200 S.

SCHRAMM, R. (2010): Landschildkröten-Futterpflanzen. – Tartaruga Verlag, Niddatal-Assenheim, 123 S.

SERGEEV, A. M. (1941): Über die Biologie und Fortpflanzung der Steppenschildkröte (*Testudo horsfieldi* GRAY). –Zool. Zh., 20: 118–133

SHI HAI TAO & SHE-KE, X. (2005): Untersuchungen zu Ökologie und Schutzstatus von *Agrionemys horsfieldii* in China. – MARGINATA, 2(2): 28–30

SPOHN, M., AICHELE, D., GOLTE-BECHTLE M. & SPOHN, R. (2008): Was blüht denn da? –Kosmos, Franckh'sche Verlag-GmbH & Co. KG, Stuttgart, 492 S.

Stumpel, J. (2007): Eineiige Zwillinge bei einer Steppenschildkröte (*Testudo horsfieldii*) Utrecht, Niederlande. – Schildkröten im Fokus, Bergheim, 4(4): 21–23

Theile, S. (2002): Ranching und Aufzucht von *Testudo horsfieldii*. – Radiata, 11(4): 3–20

Thierfeldt, S. & Höfler-Thierfeldt, S. (2002): Überwinterung im Kühlschrank. – Radiata, 11(4): 42–47

Toropova, V.I., Harder, T. & Finke, H. (2007): Hoffnung für die Vierzehen-Steppenschildkröte Kirgistans. – Marginata, 4(1): 48–50

Vasilyev, V. A., Bondarenko, D. A., Peregontsev, E. A., Voronov, A. S., Ryskov, A. P. & Semenova, S. K. (2008). Polymorphism of the 12S rRNA gene and phylogeography of the Central Asian Tortoises (*Agrionemys horsfieldii*, Gray, 1884). – Russian Journal of Genetics, 4(6): 682–685

Velenska, N. (2005): Haltung und Zucht von Agrionemys horsfieldii kazachstanica (Chkhikvadze, 1988) im Zimmerterrarium. – Marginata, 2(2): 16–21

Velensky, P. (2005): Erfahrungen in der Schildkrötensteppe Usbekistans – Auf der Suche nach *Agrionemys horsfieldii kazachstanica*. – Marginata, 2(2): 22–27

Vetter, H. (2000): Schildkröten-Lexikon Heft 19 – Steppenschildkröte (*Agrionemys horsfieldii*); – L. Staackmann Verlag, 53 S.

Vetter, H. (2011): Schildkröten der Welt. – Terralog Band 1. – Chimaira Buchhandelsgesellschaft mbH, Frankfurt/M., 152 S.

Vinke, T. & Vinke, S. (1997): Schildkröten lieben es warm. – Journal der AG Schildkröten, Bennstedt, 6(3): 4–8

Vinke, T. & Vinke, S. (1998): Die Steppenschildkröte *Testudo* (*Agrionemys*) *horsfieldii* – ein anspruchsvoller Pflegling. – Das Aquarium, Bornheim, 32(10): 56–60

Vinke, T. & Vinke, S. (2004): Vermehrung von Landschildkröten. – Herpeton Verlag Elke Köhler, Offenbach, 187 S.

Vinke, T. & Vinke, S. (2006): Konkurrierende Modelle der wissenschaftlichen Systematik – oder *Eurotestudo* und *Agrionemys* contra *Testudo*. S.: 9–12. – In: Schildkröten im Fokus Sonderband, dauvi-Verlag

Vinke, T. & Vinke, S. (2009): Bedrohen Schildkrötenfarmen die Wildbestände? – Schildkröten im Fokus, 6(4): 3–20

Vogel, S. (2000): Pflanzen, die unsere Schildkröten fressen dürfen. – Schildkröten, 2000(2): 7–36

Wegehaupt, W. (2008): Futterpflanzen. – Wegehaupt Verlag, Kressbronn am Bodensee, 320 S.

WEYL–OFFERMANN, G. (2000): Krank oder gesund - die Ernährung spielt eine große Rolle. Mut zu einem abwechslungsreichen Pflanzenangebot – Schildkröten, 2000(2): 3–7

WIECHERT, J. (2000): Die mediterrane Landschildkröte in der tierärztlichen Praxis. – Draco, Münster, 1(2): 60–71

WILMS, T. & LÖHR, B. (2000): Zur Haltung und Vermehrung der Steppenschildkröte (*Testudo horsfieldii,* GRAY 1844). – Draco, Münster, 1(2): 56–59

WILMS, T. (2000): Hinweise zur Überwinterung mediterraner Landschildkröten. – Draco, Münster, 1(2): 48–51

WILMS, T. (2004): Die Steppenschildkröte - *Testudo horsfieldii.* – Natur und Tier - Verlag Münster, 64 S.

YAKOVLEVA, I.D. (1961): Opredelitel Presmykayushchikhsya Kirgizii– [Guide of reptiles of Kirgizia]. Frunze: Acad. Si. Kirgizian SSR, Publ., 110

Internetquellen

www.bmelv.de/SharedDocs/Standardartikel/Landwirtschaft/Tier/Tierhaltung/HaltungReptilien.html

www.iten-online.ch

www.wetteronline.de

www.klimadiagramme.de

www.laenderdaten.info

www.reptilia2000.de

www.scribd.com/doc/72913216/A-Revised-Checklist-With-Distribution-Maps-of-the-Turtles-of-the-World-1

www.wetter.net

www.travel-climate.com

www.wikipedia.de

THORSTEN GEIER

Fester Panzer – weiches Herz

Der bekannte Buchautor möchte die naturnahe Haltung von Europäischen Landschildkröten anschaulich und verständlich erläutern. Dazu gibt er in seinem Buch auf der Grundlage langjähriger fundierter Erfahrung eine Fülle von Ratschlägen und Hinweisen.

In einem eigenen Kapitel wendet er sich auch an unsere jüngsten Schildkrötenfreunde. Besonders sie (und ihre Eltern) möchte er für einen artgerechten Umgang mit Schildkröten gewinnen. Auch deswegen enthält das Buch viele eindrucksvolle Bilder.

2. Auflage 2008, 175 Seiten, 185 Fotos, zahlreiche Abbildungen, ab 12 J., 14,8 x 21 cm, Softcover.
ISBN 978-3-9811212-2-3 , € 14,80

MONIQUE MÜLLER

Ratgeber zur Haltung von Steppenlemmingen

Die Autorin hat viele Jahre Erfahrung in artgerechter Haltung Grauer Steppenlemminge. Ausgehend von der natürlichen Lebensweise dieser liebenswerten Tiere informiert dieser Ratgeber Sie zu allem, was Sie für den täglichen Umgang mit Steppenlemmingen wissen müssen. Sie erfahren, wie Sie Lemminge artgerecht unterbringen, fit und gesund halten, beschäftigen und ernähren, zähmen und züchten, damit Sie und Ihre Lieblinge gemeinsam viel Spaß haben.

1. Auflage Mai 2010, 66 Seiten, 60 Fotos,
ab 10 J., 14 x 20 cm, Softcover.
ISBN 978-3-9811212-3-0, € 9,80

DANIELLE ROHRER

Mein Leben als Wasserschildkröte

Gelbwangen-Schmuckschildkröte „Snubby“ erzählt aus ihrem Leben und gibt Tipps zum artgerechten Umgang mit Wasserschildkröten. Wichtige Aspekte werden vorgestellt: Ernährung, Möglichkeiten der Unterbringung im Haus, Teichhaltung im Sommer, Überwinterung und Vermeidung von Krankheiten. Die Autorin schreibt in einem „lockeren Ton“ aus der Sichtweise einer Wasserschildkröte und ergänzt ihre Darstellung mit persönlichen Erfahrungen und Tipps. Viele schöne Farbfotos und liebevolle Illustrationen machen dieses Buch zu einer ebenso unterhaltsamen wie lehrreichen Lektüre.

1. Auflage Dezember 2010, 82 Seiten, 64 Fotos, ab 6 J.,14,8 x 21 cm, Softcover.
ISBN 978-3-9811212-4-7, € 12,50

DR. CARSTEN SCHNEIDER

Das Pantherchamäleon

Mit dem Hintergrundwissen eines Mediziners, detailliert, sehr verständlich und an der Praxis orientiert informiert Dr. Carsten Schneider zu Haltung und Zucht der Pantherchamäleons. Über Terrarienhaltung hinaus zeigt der Autor, wie sich die Lebensbedingungen dieser Tiere so naturnah wie möglich gestalten lassen.
Allen, die sich für *Furcifer pardalis* interessieren, sei dieses Buch empfohlen, nicht zuletzt auch wegen seiner herausragenden Qualität auf dem Gebiet der Tierfotografie.

1. Auflage Mai 2011, 134 Seiten, 87 Fotos, ab 12 J., 14,8 x 21 cm, Softcover.
ISBN 978-3-9811212-5-4, € 14,80

THORSTEN GEIER

Faszination Schildkröten – Ein Bildband

Aus der Idee, einen Bildband über Schildkröten zu gestalten, hat der Kleintierverlag den Foto-Wettbewerb „Schildkröten-Bildband" initiiert. Entdecken Sie in diesem beeindruckenden Bildband über 50 verschiedene Schildkröten-Arten. Es erwarten Sie wunderschöne Aufnahmen von Meeresschildkröten, Riesenschildkröten, Sumpf- und Wasserschildkröten, Tropischen Schildkröten sowie (Europäischen) Landschildkröten. Auch Sie werden begeistert sein! Durch den Verkauf werden ausgewählte Schildkröten-Projekte unterstützt.

1. Auflage August 2012, 184 Seiten, 178 Fotos, 30 x 21,5 cm, hochwertige Hardcover-Bindung.
ISBN 978-3-9811212-6-1, € 34,80

THORSTEN GEIER

Winterstarre

bei Europäischen Landschildkröten, Naturnahe Vorbereitung und erfolgreiche Überwinterung, Ratgeber zur Haltung Europäischer Landschildkröten, Band 1

Sie erhalten klar und übersichtlich dargestellte Informationen zur grundsätzlichen Bedeutung der Winterstarre für die Arten und deren Gesundheit. Vorbereitung, Durchführung und Beendigung der Überwinterung, einschließlich damit zusammenhängender Probleme und Irrtümer werden detailliert beschrieben. Dazu gibt es wichtige Informationen von Tierarzt Frank Mittenzwei.

1. Auflage 2013, 199 Seiten, 236 Fotos, zahlreiche Abbildungen, ab 12 J., 14,8 x 21 cm, Softcover, ISBN 978-3-9811212-9-2, € 16,80